国家自然科学基金资助项目(批准号:51375489)

理想风力机理论与叶片函数化设计

姜海波　著

科学出版社

北京

内 容 简 介

本书主要探讨能产生最大功率的理想风力机的结构和性能,并以此为基础研究实际风力机叶片函数化设计方法。首先,提出理想风力机的概念,建立理想叶片的数学模型,并推导其功率、转矩、升力和推力性能表达式;其次,考虑结构强度和加工工艺等实际环境的特殊要求,对理想叶片进行实用化改造,以建立实际叶片的函数表达式,并用解析法计算其性能,提出实际叶片函数化设计方法,实现通过生成叶片函数图像的方式设计叶片模型。本书建立一个关于叶片函数化设计的独立完整的技术体系的基础框架,以解析法作为主要研究方法,以理想叶片的结构和性能作为理论基础,以实际叶片的设计和性能计算作为重点研究内容。

本书可供叶轮机械与翼型气动设计领域的学者、研究生或工程技术人员参考。

图书在版编目(CIP)数据

理想风力机理论与叶片函数化设计/姜海波著.—北京:科学出版社,2015.5
ISBN 978-7-03-044265-9

Ⅰ.①理… Ⅱ.①姜… Ⅲ.①风力发电机-理论②风力发电机-叶片-设计 Ⅳ.①TM315

中国版本图书馆 CIP 数据核字(2015)第 097201 号

责任编辑:耿建业 陈构洪 罗 娟/责任校对:包志虹
责任印制:徐晓晨/封面设计:耕者设计工作室

科 学 出 版 社 出版
北京东黄城根北街 16 号
邮政编码:100717
http://www.sciencep.com

北京凌奇印刷有限责任公司 印刷
科学出版社发行 各地新华书店经销

*

2015 年 5 月第 一 版 开本:720×1000 B5
2015 年 5 月第一次印刷 印张:11
字数:207 000
POD定价: 72.00元
(如有印装质量问题,我社负责调换)

前　　言

人类设计使用风力机已有上千年历史,但是效率最高的理想风力机是什么样的结构,具有什么样的性能,这仍是人类渴望了解的谜题。探知理想风力机的内部构造,揭示它的运行规律,是本书的目标之一。

即使窥探到了理想风力机的全部奥秘,也仅能满足一下人们的求知欲望,而本书更深层的目标是,应用理想风力机理论来指导实际风力机设计。

如此一来,一种风力机气动设计的新方法就诞生了,即叶片设计变成了对理想叶片结构的最小幅度改造,改造的原则是,在尽可能减小性能损失的条件下让叶片具有足够的强度,容易生产制造,方便安装使用。

值得庆幸的是,今天理想叶片的数学模型(叶片函数)被建立起来,根据理想叶片函数改造的实用叶片函数也被构建出来,现在可以使用数学软件通过生成函数图像的方式迅速得到叶片的三维图形。这就是叶片函数化设计法,改变设计只需调整函数的结构或调整常数的取值,而设计叶片立体图的繁杂手工劳动将由电脑瞬间完成,这会显著提高设计效率。举个简单例子,手工绘制很多不同的正弦曲线,远不如集中精力建立一个正弦函数,通过调整振幅和周期等常数由软件生成图像的方式简单、准确、高效和一劳永逸,而这种解析函数的技术含量远高于它的图像,且比图像更容易交流、传播、改进和完善。

建立叶片函数的另一个好处是,风力机的功率、转矩和升力等性能可以用解析计算的方法迅速得到,远比数值计算和实验测试的方法便利、快捷,且不必事先生成图像或实体模型。解析计算目前还不能代替数值计算和实验测试,但它能预测性能的特点,会降低设计的盲目性,大幅提高设计效率。

本书将围绕上述内容进行研究探讨,重点阐述两方面内容:一是理想风力机理论,参见第 2~6 章;二是对该理论的应用,即叶片函数化设计法,参见第 7~12 章。

第 1 章(概述)对研究的内容、目标、意义、方法和研究现状进行说明。

第 2 章(理论基础与基本关系式)根据叶素-动量理论对运行在设计工况的风力机进行受力分析,给出有关参数之间的基本关系式,得到叶素气动性能的微分公式,推导出风力机气动性能积分公式,这些内容是后续章节的理论基础。

第 3 章(理想风力机的叶片结构)提出理想叶片和理想风力机的概念,证明能使功率最大化的最佳攻角就是升阻比最大的攻角,并探讨理想叶片的结构特性,包括理想弦长和理想扭角这两个重要的结构要素。

第4章(理想风力机的最高性能)推导出由理想叶片组成的理想风力机运行在理想流体中(升阻比为无穷大)的功率、转矩、升力和推力最高性能(设计尖速比为有限值)及极限性能(设计尖速比为无穷大)的计算公式。

第5章(理想风力机的一般性能)推导出理想风力机运行在实际流体中(升阻比和设计尖速比均为有限值)的一般性能(包括功率、转矩、升力和推力性能)的计算公式,给出与任意尖速比和升阻比对应的功率、转矩、升力和推力性能的积分计算结果(具体数值)。

第6章(平板翼型风力机及其性能)研究一种特殊翼型——平板翼型的性能特点,包括大攻角绕流升力和阻力随攻角的变化规律;作为一个实例进一步探讨平板翼型理想风力机的性能特点。

第7章(函数翼型及其主要性能)提出函数翼型的概念,研究用函数生成翼型的方法和用函数逼近现有翼型的方法,并对函数翼型的压力分布和升力系数等性能进行解析计算。

第8章(对理想叶片的简化分析)探讨如何对理想叶片进行简化处理,对多种简化方法导致效率降低的情况进行数值积分计算和对比分析。

第9章(实用风力机的最高性能)研究实用风力机有限叶片数产生的叶尖损失问题,在考虑叶尖损失情况下推导出实用风力机所能达到的最高功率、转矩、升力和推力性能公式,给出与尖速比和升阻比对应的性能计算值,对指导风力机设计具有切合实际的指导作用。

第10章(实用叶片结构设计)分析探讨实用叶片的结构设计问题,包括翼型的选择、设计尖速比的确定、弦长设计和扭角的修正方法。

第11章(实用风力机性能计算)根据叶片翼型升力和阻力随攻角变化的函数关系,推导出实用风力机的功率、转矩、升力和推力性能的解析计算公式,给出数值积分示例。

第12章(叶片函数化设计法)利用叶片的翼型、弦长和扭角这三个子函数构建出叶片函数(叶片数学模型),从而实现用叶片函数生成图像的方式设计叶片立体图像的目标,并给出叶片函数化设计的具体步骤和示例。

需要说明的是,本书旨在构建叶片函数化设计的技术理论体系的基础框架,给出叶片函数化设计的一般方法和思路,提供叶片函数化初步方案和示例,但不期待研究成果可立即直接用于叶片的实际设计和生产过程中,这一目标还要经过学者、专家和工程技术人员的不断改进和完善才能实现,本书将为此目标提供一个研究基础、平台、框架、方向和一系列示例,为推动叶片函数化设计方法的后续研究工作打下坚实的技术基础。

本书由国家自然科学基金项目(批准号:51375489)资助出版;本书初稿是一篇博士论文,在论文写作过程中清华大学曹树良教授给予了细心指导;在项目的研究阶段及本书的撰写过程中,还得到程忠庆、李艳茹、赵云鹏、王立军、刁景华、王晓杰、莫冀和谭磊等同志的热情帮助与支持。作者在此一并表示衷心感谢!

本书有些定义和观点乃作者一家之言,旨在抛砖引玉,欢迎各位同行共同探讨,以促进该研究领域的发展。此外,由于作者水平有限,书中不妥之处在所难免,望不吝赐教。

姜海波

2015 年 3 月

目　　录

第1章 概　　述

1.1　研　究　内　容

本书的研究内容可划分为两大部分：理想风力机理论与叶片函数化设计方法，后者是对前者的应用。

理想风力机理论主要研究能产生最大功率的理想叶片的结构和性能，包括理想叶片的数学模型、函数图像，以及功率、转矩、升力和推力一般性能与最高性能的求解。

函数化设计方法探讨如何对理想叶片进行实用化改造，原则是在满足便于制造和具有足够强度等实际环境要求的前提下，最大限度地减小性能损失，重点研究实际叶片的数学模型（主要研究翼型、弦长和扭角三个子函数的实用化改造）、性能计算和函数化设计方法。

上述两部分研究内容共同构成了一个独立完整的技术理论体系，主要研究对象及其结构特征、流体环境和性能计算体系与章节布局情况如表1.1所示。

表1.1　主要研究对象及其结构特征、流体环境和性能计算体系与章节布局

研究对象	流体环境	结构特征	性能计算
理想叶片（第3章）	理想流体	理想弦长、理想扭角	
理想风力机（第4、5章）	理想流体	由无限多个理想叶片组成	最高性能计算（第4章）
	实际流体		一般性能计算（第5章）
平板翼型（第6章）	理想流体	翼型厚度和弯度均为0	升力和阻力系数计算
	实际流体		平板翼型风力机性能计算
函数翼型（第7章）	实际流体	由解析函数生成翼型型线	压力、升力系数计算
实用叶片（第8、10、12章）	实际流体	弦长、扭角简化分析（第8章）	
	实际流体	实用叶片结构设计（第10章）	
	实际流体	数学模型及外形设计（第12章）	
实用风力机（第9、11章）	理想流体	由有限个实用叶片组成	最高性能计算（第9章）
	实际流体		一般性能计算（第11章）

为简化表达方式，将翼型和叶片的数学模型分别简称为翼型函数和叶片函数，这些函数所表达的翼型和叶片则分别简称为函数翼型和函数叶片。现对重点研究

内容进一步说明。

（1）建立理想叶片的数学模型。研究如何建立理想叶片的数学模型，研究结果是给出理想叶片的函数表达式及其图像。风力机叶片的数学模型由翼型、弦长和扭角沿展向的分布函数确定，或者说，叶片函数由翼型函数、弦长函数和扭角函数组成，因此，本部分更详细的研究内容分为四项：翼型函数、弦长函数、扭角函数，以及由这三个子函数构成叶片函数的方法。

（2）求解风力机的最高性能和极限性能。理想叶片数学模型的一项重要应用是在该模型基础上探讨理想叶片的性能，它是叶片实际设计所追求的最高目标，因此极具理论价值。本部分研究内容包括推导由理想叶片组成的风力机在稳定运行状态下的功率、转矩、升力和推力性能，在理想流体环境中与尖速比关联的各项最高性能，以及在不同尖速比条件下所能达到的极限性能。

（3）建立实际叶片的数学模型。理想叶片数学模型虽然具有较高的理论价值，但还不能直接应用于工程实际，需要进行多方面的改进，主要原因是理想叶片曲线复杂，难以加工制造，也不能满足实际流体环境对结构强度等方面的要求。因此，本部分的主要研究内容是在理想叶片基础上建立实际叶片的数学模型，包括探讨设置叶根、修正叶尖、弦长曲线简化、分段函数的圆滑过渡方法等，运用解析方法建立函数化的实际叶片数学模型。与理想叶片函数由三个子函数组成的情况一样，实际叶片函数也由翼型、弦长和扭角函数组成，但是对结构的每一个改变都会导致这三个函数进一步复杂化，也更能表现细节，因此，本部分的研究重点是在结构变更与函数表达之间建立一一对应的关系。

（4）根据实际叶片的数学模型求解性能。本部分主要研究实际叶片的性能求解，即如何在结构变更与性能变化之间建立一一对应的关系，为叶片的合理化设计奠定技术基础。翼型性能的研究工作十分复杂，但无论是已有的实验还是仿真模拟，研究结果中都会给出升阻比随攻角变化的数据，而本项研究仅利用翼型的升阻比参数即可，不必深化到更具体化的研究过程中，这使得对叶片性能的研究工作大大简化。实际叶片数学模型的微段沿翼展分段积分后就能分别得到功率、转矩、升力和推力性能的积分表达式，但是由于被积函数（实际叶片函数）表达式非常复杂，所以难以得到解析解，但一定会得到数值解，这对于研究实际叶片的性能已经足够。

（5）研究叶片函数化设计方法。在所建立的实际叶片数学模型和性能计算的基础上研究叶片的函数化设计方法，以期实现通过调整函数的参数来更改或优化设计，即能随时通过生成函数图像的形式立即获得叶片外形，通过软件的自动计算迅速获得功率、转矩、升力和推力性能。本部分的研究重点是，如何将上述研究结果有效地整合在一个软件模块内，使得设计工作变得容易、快速和准确，以深化项目研究的工程应用前景。

1.2 研 究 目 标

本书的理论研究目标是,依据叶素-动量理论探讨理想风力机叶片的结构,用函数图像表达其外形,并用解析的方法求解理想风力机的功率、转矩、推力和升力的一般性能、最高性能和极限性能,由此揭示风力机运行的奥秘和内在规律,建立理想风力机理论。

本书的工程应用目标是,以理想风力机理论为基础,对理想叶片进行实用化改造,用解析的方法建立实际叶片的数学模型、生成叶片外形结构的函数图像并计算性能,最终实现实际叶片的函数化设计。

本书的总目标是建立理想风力机理论与叶片函数化设计方法的技术理论体系的基础框架。

需要指出的是,本书将给出叶片函数化设计的一般方法和思路,提供叶片函数化设计方案和示例,但不期待研究成果可立即直接用于叶片的实际设计和生产过程中,这一目标还要经过学者、专家和工程技术人员的不断改进和完善才能实现,本书将为此目标提供一个研究基础、平台、框架、方向和一些示例,为推动叶片函数化设计方法的后续研究工作奠定技术基础。

1.3 研 究 现 状

德国空气动力学家 Albert Betz 于 1920 年提出了风能利用系数(也称风力机的效率或功率系数)的最大值是 16/27(约为 0.593),即风力机空气动力学界公认的贝兹极限。后来的研究显示,英国科学家 Lanchester 早在 1915 年就推导出相同的极值。2007 年欧洲有文献报道俄国科学家 Joukowsky 于 1920 年独立地得到同样的结果,因此,风能利用系数最大值的严格称谓应该是 Lanchester-Betz-Joukowsky 极限[1]。这段历史说明贝兹极限在同一时期得到了三次独立的证明。自此之后,人类直到今天还没能设计出风能利用系数超过这个极限的风力机。风与旋转叶片的相互作用会导致在轴向和切向都出现诱导因子,抵减了远方来流的速度,在最佳运行状态也不例外,这个现象已经被现代空气动力学和风力机设计使用实践证实,贝兹极限无法超越。

在认可贝兹极限以后,人们就不必为追求超越贝兹极限的效率而花费太多的精力。现在人们可以把贝兹极限作为追求目标,当设计的风力机效率"接近"贝兹极限时,即可认定是"理想设计"。

然而,在此之后将近 100 年的实践证明,贝兹极限仍然高不可攀,现代风力机效率仍然难以超越 0.5[2],是否还存在另一个更低的理论值? 本书的研究结果证明这个更低的理论值是存在的：风力机的理论效率是设计尖速比和翼型升阻比的函数，只有当升阻比和尖速比均趋近于无穷大时，风力机的效率才能趋近于贝兹极限（参见 4.1 节）；这说明现实离贝兹极限还是很远，只有与尖速比和升阻比关联的功率系数的理论值才能更好地指导设计实践。

与功率系数相对应，风力机的转矩性能是否也存在理论上的极限值？本书的研究结果表明，风力机的转矩系数也是尖速比和升阻比的函数，当升阻比为无穷大且尖速比约为 0.635 时，转矩系数存在理论极限值，约为 0.401（参见 4.2 节）；对于尖速比大于 6 的现代高速风力机，其稳定运行状态的转矩系数不可能超过 0.1（参见 5.2 节）。

有限尖速比和升阻比条件下的风力机性能理论值的获得使人们对风力机的认识深度产生了又一次飞跃，理论推导结果不仅给出了设计风力机所能达到的最高性能目标（参见第 4 章），而且给出了实现该性能目标的叶片结构，即理想叶片结构（参见第 3 章），并得到了理想叶片的数学模型（解析表达式及其图像，参见 12.1 节）。

由此，叶片设计即可采用一种全新的方式展开：在具有最高性能的理想叶片基础上进行最小幅度的实用化改造，使之既能满足加工制造和强度等实际环境要求，又能最小幅度地降低性能。叶片的实用化改造过程处处以理想叶片的结构和性能作为衡量标准，可有效减少叶片设计中的盲目性，提高设计效率。此外，以理想叶片的数学模型为基础，叶片实用化改造过程可用函数表达，实现叶片的函数化设计（参见第 12 章）。作者认为，这种函数化设计方法将是未来最重要的发展方向。

风力机叶片的形状十分复杂，三维、扭曲和流线翼型的特点使得建立数学模型十分困难，特别是数学推导过程难度极高，这些问题阻碍了理想风力机理论和叶片函数化设计方法的研究工作，到目前为止尚未发现国内外有用解析方法对整个叶片进行系统研究的报道，仅能检索到单独研究翼型、扭角或弦长的文献。

制约建立叶片数学模型的最大困难是翼型的数学表达难度极高。为减小阻力，翼型均设计成流线形态，但流线翼型很难用简单的解析公式表示，也难以进行升力和阻力的解析计算。20 世纪前半叶基本靠风洞实验测量翼型的性能，并将翼型和性能制成数据表格形式以备查用；20 世纪后半叶随着计算机技术和计算流体动力学的发展，翼型设计计算越来越多地采用了数值模拟的方法。

翼型的几何形状能采用多种方法描述，主要有离散数据库法、外形参数化方法、形函数扰动法和解析函数法四种。离散数据库法用坐标点描述翼型，可通过样条曲线按顺序连接坐标点阵得到翼型型线。离散数据库法是目前描述翼型的主要方法。外形参数化方法采用多个参数描述翼型各个部位的几何尺寸，设计变量有明确的几何意义，但不给出解析表达式[3]。形函数扰动法由原始翼型和扰动形函数的线性叠加决定外形[4]，形函数一般采用 Hicks-Henne 函数[5]，这种方法对原始翼型的几何数据依赖性很强,如果原始翼型的外形不光滑,那么设计翼型的外形也不光滑,而且直接影响压力系数曲线的光滑性。解析函数法就是用一个或多个解析函数直接表示翼型形状,例如,早期用多项式表达的美国 NACA 4 位数、5 位数系列翼型和英国 C4 系列翼型,但参数变化对形状全局都会产生很大的影响,遗传算法难以找到合适的个体编码方式,因此,多项式法已基本不用。近期也有研究用级数表达翼型的方法[6],该方法适合表达已有翼型,可用于优化设计直接得到最终结果,但微调参数也容易影响全局。

可以认为,目前翼型的设计基于图形化或图形数据离散化的表达方式,尚未真正进入函数化阶段。如果表示翼型的解析函数结构简单、参数几何意义明确、微调效果又好,那么结合计算机强大的运算能力,就容易得到性能更优良的翼型。为此,本书探讨一种用中弧线-厚度函数定义的解析函数来构造复杂翼型的方法(参见 7.1 节),且每个参数都有明确的几何意义,便于微调形状。有了翼型函数,还可用解析计算的方法求解压力分布和升力系数等主要性能(参见 7.2 节),这对研究翼型形状变化与性能变化之间的联动关系,探讨形状对性能影响的内在规律具有重要的理论和实际意义。

叶片是提高风力机功率系数的关键部件,它的外形设计,特别是扭角和弦长设计十分重要,关系到工作效率、生产成本和安全性等多个方面,因此,众多学者从各个不同的角度采用多种方法对此展开研究。叶片外形设计的研究角度大致可分为最低成本目标、最高效率目标和安全性目标三类。有文献提出了以风力机的单位能量成本作为优化目标,以叶片弦长、扭角和相对厚度为设计变量进行外形优化设计的方法[7,8],近期有学者根据当地风速分布按年度输出最大电能为目标对叶片外形进行优化[9,10],并取得了显著的研究进展。最基本的目标是从输出功率最大化的角度探讨叶片外形的设计方法[11,12]。近年来,气动弹性和荷载特性这些牵涉到安全性方面的问题也被引入外形优化设计过程中[13]。

在研究方法方面大致也可分为三类:解析法、实验法和数值法。其中解析法主要包括传统的叶素-动量理论[14]、忽略翼型阻力和叶尖损失的 Glauert 涡流理论、对 Glauert 理论进行修正的 Wilson 法和设计约束条件为不等式并对非线性约束目标进行优化求解的复合形法[15]等多种方法。数值法和实验法需要事先获得叶片外形,然后通过流体计算软件或实验获得性能参数,根据性能改进设计。这些都是很具体的设计方法,大都偏重于实用性,对叶片的实际设计均有助益,但对建立叶片的数学模型以及进行函数化设计难以起到直接的作用。

从机械设计的角度分析,即使不计算性能,仅从绘制叶片外形这个单一问题来看,目前基于各种专业绘图软件的叶片三维造型设计方法的共同特点是将翼型的离散坐标点经过坐标变换输入 Pro/E、SolidWorks、UG 等大型专业绘图软件中,经手工光顺或修改生成叶片立体图[16,17]。现有的专业绘图软件基本都能实现参数化设计,结构尺寸参数可以方便地重新设置,以利于修改设计。

但是对于绘制立体图像,目前还没有一种设计方法能超越函数图像生成法的准确和快速,如果有了函数表达式(如一个椭球体的函数式),绘制三维图像可瞬间完成,修改设计也只是调整参数。这种函数化设计方法的主要瓶颈是难以给出复杂结构的函数表达式,因此,专业绘图软件应运而生,它省去了构造复杂函数表达式的过程,给出了所画即所得的设计方法,将难点从构造复杂函数转移到手工绘制复杂图像,但产生了一个新问题,即每个单位或每个人的设计都具有相对独立性,并且每项设计都要完成从翼型坐标引入到样条曲线光滑和拉伸扭转等所有复杂步骤,重复劳动多、工作量大。叶片函数虽然很复杂,但是一旦建立起来,绘制图像的复杂工作就可以交给数学软件瞬间完成,所有重复性的劳动就仅是如何调整函数的参数以改变设计。众人各自为战地独立辛苦劳动,远没有集中精力共同构建一个复杂函数有利,且一劳永逸,便于传承,因此作者认为,叶片函数化设计方法能够大大简化设计工作,减少重复劳动,符合时代的发展趋势。本书初步建立的实际叶片的函数表达式(参见 12.3 节),未来经过专家、学者和工程技术人员的不断完善,必将具有广阔的发展应用前景。

1.4　研　究　意　义

运行在理想流体环境中的风力机一定会存在一种最理想的叶片结构,并具有最高的性能。最理想的叶片结构和性能将为判断设计的合理性提供一个客观的衡量标准,它为叶片实际设计指明了方向,或者说叶片设计如果能以最理想的结构和性能为基础,以最小的性能损失为代价,通过结构改造来满足实际环境对强度、振动等方面的要求,这样的设计方向就是直取捷径,有利于设计出接近最理想结构和性能的实际叶片,必将具有较高的性能,比没有明确目标的盲目设计会少走许多弯路。

在本书中,把能产生最高功率的叶片称为理想叶片。本书研究结果已证明,理想叶片的弦长函数和扭角函数具有沿展向的理想分布形态(参见第 3 章),而翼型不存在理想形态(但其结构特性可用升阻比参数描述)。因此,理想风力机理论主要探讨理想叶片的结构及其性能,函数化设计方法将研究理想叶片实用化改造后的结构和性能。由于理想叶片和实际叶片的外形结构都将用解析函数的图像来生成,且所有性能均采用解析函数式的积分进行计算,所以本书将这种设计方法称为叶片函数化设计法,也可称为基于解析函数的叶片设计法。

传统的叶片设计包含外形结构设计与性能计算两大部分。叶片结构设计主要用 Pro/E、SolidWorks、UG 等大型专业绘图软件通过拉伸、扭转、放样、抽壳等步骤手工建模完成(叶片外形无法用解析函数的图像表示),一个完整的结构设计周期是数天或数周。此后需将所设计的外形结构导入 Fluent、CFX 等流体软件中，对性能进行数值计算，这一过程根据计算机性能和网格划分情况的不同，需要数小时、数日甚至数周时间才能完成。叶片设计的这两个环节具有先后依存性，修改设计几乎要从头重复一遍此过程，需花费很多人力、财力、物力和时间，设计效率难以进一步提升。

与传统的叶片建模和数值计算方法相比，采用叶片函数化设计法生成叶片图像和对性能进行解析计算具有很多优势。①本书研究时已得到了叶片数学模型框架，只要将翼型、弦长和扭角这三个子函数代入其中，即可得到对应的叶片函数，设计工作量主要集中在合理确定子函数上，一般用初等解析几何就能解决大部分问题。叶片函数即使比较复杂，建立表达式的过程也远比根据复杂表达式手工绘制图形简单得多，而后者本来就应该是数学软件的基本功能。②一旦建立了叶片函数，结构设计就是用叶片函数生成叶片图像，计算机可瞬间完成；解析法性能计算就是对叶素性能沿叶片展向进行数值积分，一般数学软件在数秒内即可完成。结构设计和性能计算可以不分先后，甚至不用生成外形结构也能进行性能计算，设计效率有质的飞跃。③一旦建立了叶片函数，修改设计基本上就是调整三个子函数中的参数值，比用大型绘图软件重新绘图、重新数值计算要容易得多，对设计分析极为有利。由于叶片函数的变量都具有简单明确的几何意义，所以参数值的调整很简单。④由于所有空间位置参数都由函数公式确定，所以容易得到叶片表面任意一点的精确坐标，不必制作数量庞大的离散点阵数据库，也不易出现差错。函数公式还容易驱动数控设备，有利于叶片或其模型加工制造的自动化、高效化和精确化，因而具有很大的发展潜力。⑤搭建起叶片函数框架平台，本领域的科技人员就可以一起集中力量研究子函数的具体形态，共同完善叶片函数，这种能产生规模优势的机制，比各单位的技术人员分散地钻研各自绘图技能的模式，更容易促进叶片设计事业的技术进步。

本书不是在现有叶片设计方法的基础上进行局部改进，而是在此之外重新建立一套独立完整的叶片函数化设计理论体系的基础框架。本书不是对现有设计方法的否定，而是为叶片设计人员提供另外一种完全不同的选择。

1.5　研　究　方　法

在复杂问题的研究方法方面，如果按具有相对独立性和系统性来进行分类，可将研究方法宏观地划分为解析法、实验法和仿真法三大方法[18]。

解析法是用变量表达自然现象的属性参数，用公式表达各属性参数之间作用关系的数学方法。解析法是最基本的研究方法，是自然科学理论研究的基石。解析公式能够清晰地给出变量之间的作用关系，明确任一自变量的变化对因变量的影响趋势和程度。当自然现象内部或相互之间的作用关系可以用解析公式表达时,标志着人类已经掌握了它的规律。

实验法是指在可控的条件下对一些自然现象进行复现,并利用仪器设备对复现的自然现象的属性参数进行测量。实验法客观对待自然现象,不去反映自然现象内部各参数相互之间的作用关系,仅对结果进行测量,因此与其他方法相比,得到的结果最符合实际情况。

仿真法是利用计算机对一些自然现象进行模拟复现和数值计算的方法[19]。仿真法的对象是一个复杂系统,需要对该系统建立数学模型,该模型通常是难以直接求解的微分或积分方程(组),主要特点是能对该方程(组)进行数值求解,因此有时也称为数值法。仿真法在初始阶段的典型定义是"仿真是基于模型的实验"[20],在最近的发展中则强调"仿真是一种基于模型的活动",包括对研究对象进行试验、分析、评估三个基本活动[21]。

对于简单的问题,人们已经采用了大量的解析方法进行研究,如牛顿第二定律、动量定理。对于复杂问题,解析法会有很多困难,例如,对风力机叶片的气动计算就涉及三维、扭曲和旋转等复杂情况,还涉及叶片的弦长、展长、扭角、厚度、弯度、气流诱导速度和空气密度等众多变量的相互作用,研究难度很大。

为解决复杂问题的这些困难,人们采用实验的方法进行辅助研究,如风洞实验。但是实验方法耗资大、周期长。实验法只能解决正问题,即必须预先给定结构形状,然后才能求得空气动力性能,而无法从最优性能推导出结构形状的参数,即不能解决反问题。

随着计算机技术的发展,计算流体力学和仿真模拟软件为解决复杂结构的计算提供了很大帮助,数值计算也替代了部分实验功能,但还存在很多不足,例如,与实验法相比对翼型绕流的计算误差较大,或占用的计算机资源较多,也只能解决正问题,难以解决反问题等。

值得注意的是,对于可以求解的问题,解析法可对各种结构的性能进行分析、比较和研究,能够解决反问题,例如,能够容易地判定任一参数的变化对整体性能的影响,从而能更合理地设计结构参数值,甚至能反向推导出最佳结构参数,这是实验法和仿真法无法做到的。实验与模拟仿真方法虽能得出整体结果,但很难确定某个参数对结果的影响程度,需要花费大量时间设置众多参数的不同参数组合进行测试或数值计算,然后从有限的结果中挑选最好的结果。

这三种研究方法都有自己鲜明的特点,如表 1.2 所示。

每种方法都具有各自的优点和劣势,在研究过程中这三种方法实际上在相互渗透、互相促进。例如,解析法往往要用实验对属性参数进行测量,对推导的结果进行实验检验,作为最终结果的表达式如果很复杂,还需要借助于数值方法求得数值解。仿真法也要用解析的方法建立微分方程等数学模型,数值计算结果需要与

表 1.2　解析法、实验法和仿真法特点比较

比较项目	解析法	实验法	仿真法
研究对象	已有的系统;假想的系统	已有的系统	已有的系统;假想的系统
研究目的	揭示、重现、预测	演示、检验或确定结论	演示、计算、提升系统性能
基本方法	抽象、简化、推导	模拟、重现、测量	建立模型方程,数值求解方程
理论或技术基础	形式逻辑,既可以演绎,也可以归纳	理论指导下的实验,采用归纳法	形式逻辑、布尔逻辑,可以演绎,也可以归纳
研究过程中可能遇到的主要问题	表达不清,推导困难,无法求得解析解	难以再现环境,测量困难	模型不准,算法不科学,计算耗时
研究结果	函数表达式或由表达式得到的值	测量得到的离散数据或离散数据库	数值计算得到的离散数据或其有机整合体
结果精确性	由简化程度确定,可以很高,也可能很低	高	较高
揭示内部规律性	强	弱	弱
解决反问题的能力	强(可求极值)	弱(如局部数据拟合)	弱(如局部筛选法)

实验结果进行比较。实验法则必须在已有理论指导下可控地完成,其目的性很强,对理论研究过程中发现的重要问题进行实验探索,归纳出一般规律,为解析法和仿真法提供分析的基础和合理的假定;或者对推导的结果或数值计算的结果进行检验或确认。

根据以上分析进行综合评估后,本书决定主要采用解析法研究风力机叶片函数化设计问题。

解析法用符号反映事物的属性,用公式反映各事物的属性之间的作用关系。研究过程中的主要困难在于以下几点。

(1) 能否用符号准确地表达事物的本质属性。

(2) 对于复杂问题,能否用简化的表达式反映事物的本质属性。例如,对于物体的形状属性,圆形可以用一个简单表达式表达,但对于翼型形状就难以用解析式表达。

(3) 对于某个复杂问题,反映事物本质属性的符号或表达式是否太多,导致运算、推导时发生困难。

(4) 是否存在使这些符号或表达式相互之间发生联系的公理、定理、定律或理论,或者能否按事物的内在规律提出科学的假设,以便进行后续的推导。

(5) 推导过程是否烦琐,能否找到简单的方法或可利用的软件的协助。

(6) 如果以上过程发生困难,能否简化问题,得出可进行定性分析的简化表达式。

随着时间的推移,解析法遇到的困难有一些是可以克服的,例如,新的图形表达式的提出、新定理的发现、数学软件的进步,都可能产生助益。

对于不同的问题解析法还会有不同的具体步骤和方法。对于复杂的问题,更应从现有理论或数据出发进行研究,没必要从头开始探讨。现以分析风力机的性能为例说明解析法的步骤和方法。

(1)分析问题,判断流态。首先必须清楚问题的环境。翼型绕流分三种情况:小攻角绕流、大攻角分离流动及介于两者之间的失速区流动。风力机在最佳工作状态运行时,流动处于小攻角绕流状态。风力机在即将启动的瞬间,叶片基本处于大攻角分离流动状态。流态的判断有时十分复杂,同一个叶片上也有可能同时出现所有流态的情况。例如,风力机在启动过程中叶片一定会经历从大攻角到小攻角状态的变化过程,叶尖部位最先到达小攻角状态,叶根部位最后到达小攻角状态,而叶片中间部位往往处于过渡的失速状态。

(2)建立翼型升力和阻力的解析表达。建立翼型升力和阻力的表达式是对叶片进行解析计算的基础。对于给定的翼型,通过查阅翼型资料,绘制升力和阻力随攻角变化的曲线,通过机理研究和回归分析等手段建立升力和阻力随攻角变化的函数表达式,或者给出最大升阻比的具体数值。需要注意的是,所建立的表达式如果过于复杂,后续的解析计算将十分困难,会失去解析计算的意义。平板翼型是对流线翼型的简化,其升力和阻力系数随攻角变化公式比较简单,可以作为简化计算进行定性分析的备用手段。

(3)确定诱导速度。流经叶片的风速小于自由来流的风速,减小的风速就是诱导速度。诱导速度来自于旋转叶片对自由来流的干扰作用,对水平轴风力机而言,在轴向和周向都会产生诱导速度。例如,风力机处于稳定运行状态时,轴向诱导速度可以达到来流风速的1/3,而周向诱导速度随半径变化很大,离叶根越近,诱导速度越大。对自由来流的风速修正后才能用升力和阻力公式进行计算,否则会出现极大的误差,甚至导致计算结果毫无用处。

(4)确定入流角、攻角和扭角。这三个参数尽管有关联性,但都表征叶片状态的本质属性,应得到准确的计算关系式。首先升力和阻力都是攻角的函数,因此,攻角是最重要的参数之一。但与扭角不同,攻角并不是叶片的结构参数,因此常常处于动态变化之中。当风力机启动后,叶片处于旋转状态,自由来流的方向并不沿轴向作用于叶片,而是沿与叶片自转方向相反的等值线速度的合成速度方向作用于叶片,入流角就是合成速度方向与叶片旋转平面的夹角,它也随旋转速度不同处于动态变化之中。但是它的大小正好等于扭角与攻角之和,由此可以计算攻角的大小,为升力和阻力的计算提供了条件。

(5)确定弦长的变化。升力和阻力与弦长的大小成正比,也是关键参数。沿展向弦长是变化的,可以用叶素-动量定理和最佳攻角的升力和阻力公式确定弦长的变化公式,然后进行后续的积分运算。

(6) 积分求解性能。这是对前面得到的参数或表达式进行推导的过程,前述步骤仅是对叶片的微段(叶素)进行计算,这里的积分运算则将叶素的受力集成到整个叶片。对叶素的升力和阻力或者它们产生的力矩、功率等参数沿翼展进行积分,就能得到整个叶片或叶片组成的风力机的性能。如果被积函数表达式过于复杂,则可以考虑采用符号积分软件协助,或者最后得出数值计算结果。

(7) 性能分析。通过积分得到性能函数的解析表达式后,就可以对性能进行分析。如果表达式很复杂,则可以通过绘制函数图像观察性能曲线的变化趋势,方法是分别绘制函数与某个重要自变量的关系曲线(固定其他自变量的值),例如,固定摩擦阻力系数等自变量而绘制功率等性能随尖速比的变化曲线,通过曲线的变化趋势,可以分析性能,为合理地调整叶片弦长、扭角等结构参数进一步改进性能提供分析依据。

本书主要采用解析法进行研究,同时也吸收实验法和仿真法的一些成果,例如,利用翼型绕流的实验数据和翼型气动性能数值分析软件的协助。

第 2 章　理论基础与基本关系式

本章主要对处于稳定运行状态(设计工况)的叶片进行受力分析,探讨风与叶片之间的作用关系,给出各参数之间的基本关系式,推导叶素气动性能微分公式和风力机气动性能积分公式。这部分内容是研究风力机叶片的结构与性能的理论基础,后续章节将多次引用本章的公式。

2.1　设计工况叶素受力分析

设计工况是指风力机处于稳定运行状态或最佳运行状态。本节的目的是为后续章节提供设计工况的最基本的公式。推导这些公式采用的方法是叶素理论,即把叶片的展向微段视作叶素,对叶素产生的升力和阻力沿翼展积分可以得到叶片和风力机整体性能的积分表达式。

在研究风力机叶片设计问题之前,首先简要考察风的作用情况和叶片受力状态(图 2.1 和图 2.2)。

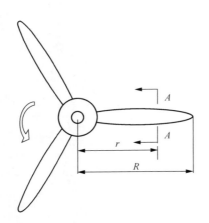

图 2.1　风力机叶轮顺风向示意图

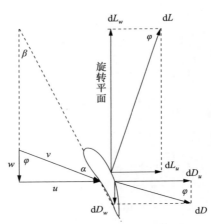

图 2.2　图 2.1 之 A—A 截面
叶素风速状态与受力分析

用与转轴同心的圆柱切割叶片,截面位置如图 2.1 的 A—A 位置所示,在半径 r 处取一微段(叶素)dr 进行受力分析,如图 2.2 所示。设风力机自转角速度为 ω,微段 dr 沿旋转平面向上运动,因此存在逆风相对速度 $W = \omega r$。W 与切向诱导速度

bW 的合成速度为 $w=(1+b)W$。无穷远处来流绝对速度 U 与轴向诱导速度 aU 的合成速度 $u=(1-a)U$ 是通过叶片的轴向风速，u 与 w 的合成速度 v 对叶片产生升力和阻力，速度 v 的攻角为 α。升力 $\mathrm{d}L$ 垂直于合成速度 v，可分解为周向分量 $\mathrm{d}L_w$ 和水平分量 $\mathrm{d}L_u$；阻力 $\mathrm{d}D$ 与 v 方向一致，可分解为周向分量 $\mathrm{d}D_w$ 和水平分量 $\mathrm{d}D_u$。这些力沿展向（半径方向）的积分就是叶片受到的总作用力。

2.2　各参数之间的基本关系

设计风力机时需要假定风力机运行在最理想状态（设计工况），此时最重要的工作是确定弦长和扭角。

设计工况与运行工况不同，运行工况的弦长和扭角已经确定，需要探讨的是尖速比在很大范围内变化时风力机性能变化情况，即弦长和扭角给定，尖速比是自变量，性能参数是因变量。而设计工况是指最佳运行工况，或稳定运行工况，该工况的设计尖速比是预先给定的，是常数，需要探讨的是在给定尖速比情况下，怎样设计弦长和扭角才能使风力机的性能更好。需要注意的是，与运行工况不同，在设计工况下速度诱导因子存在稳定值，因而迭代求解速度诱导因子的过程可以省略。

根据图 2.2，入流角 φ 由式（2.1）确定。

$$\tan\varphi=\frac{u}{w}=\frac{(1-a)U}{(1+b)\omega r}=\frac{1-a}{1+b}\frac{1}{\lambda} \tag{2.1}$$

在稳定运行状态下，轴向速度诱导因子 a 和周向速度诱导因子 b 存在稳定值[22]：

$$a=\frac{1}{3}, \quad b=\frac{a(1-a)}{\lambda^2}=\frac{2}{9\lambda^2} \tag{2.2}$$

所以

$$\tan\varphi=\frac{1-a}{1+b}\frac{1}{\lambda}=\frac{1-a}{1+\dfrac{a(1-a)}{\lambda^2}}\frac{1}{\lambda}=\frac{6\lambda}{9\lambda^2+2}=\frac{6\lambda_\mathrm{t}(r/R)}{9\lambda_\mathrm{t}^2(r/R)^2+2} \tag{2.3}$$

式中，R 为叶片的长度，即叶尖到风力机转轴中心的距离；λ 为 r 处切向线速度 W 与无穷远处来流的绝对风速 U 的比值，称为线速度比；λ_t 为叶尖线速度比，简称为尖速比。本书出现的其他参数符号的含义未见说明的，请参见附录二。

入流角的最大值约为 $35.3°$。在稳定运行状态下入流角曲线可以认为是给定的，不因扭角 β（翼型弦线与旋转平面的夹角）的改变而变化，但是根据图 2.2，扭角 β 与攻角 α 之和等于入流角，即

$$\varphi(r) = \beta(r) + \alpha(r) \tag{2.4}$$

由图 2.2 可得，入流流速为

$$
\begin{aligned}
v &= \sqrt{w^2 + u^2} = \sqrt{(1+b)^2 W^2 + (1-a)^2 U^2} \\
&= U \sqrt{\left(1 + \frac{2}{9\lambda^2}\right)^2 \lambda^2 + \left(1 - \frac{1}{3}\right)^2} \\
&= U \sqrt{\left(\lambda + \frac{2}{9\lambda}\right)^2 + \left(\frac{2}{3}\right)^2}
\end{aligned} \tag{2.5}
$$

由此还可以得到入流角的正弦和余弦表达式

$$\sin\varphi = \frac{u}{v} = \frac{\left(1 - \frac{1}{3}\right)U}{U\sqrt{\left(\lambda + \frac{2}{9\lambda}\right)^2 + \left(\frac{2}{3}\right)^2}} = \frac{\frac{2}{3}}{\sqrt{\left(\lambda + \frac{2}{9\lambda}\right)^2 + \left(\frac{2}{3}\right)^2}} \tag{2.6}$$

$$\cos\varphi = \frac{w}{v} = \frac{\left(1 + \frac{2}{9\lambda^2}\right)\omega r}{U\sqrt{\left(\lambda + \frac{2}{9\lambda}\right)^2 + \left(\frac{2}{3}\right)^2}} = \frac{\lambda + \frac{2}{9\lambda}}{\sqrt{\left(\lambda + \frac{2}{9\lambda}\right)^2 + \left(\frac{2}{3}\right)^2}} \tag{2.7}$$

利用这些基本关系式，就可以推导出叶片稳定运行状态下的气动性能解析计算公式。

2.3　叶素气动性能微分公式

现以前述公式为基础根据叶素理论[23]推导叶素推力、升力、转矩和功率公式。叶素升力为

$$
\begin{aligned}
\mathrm{d}L &= \frac{1}{2}\rho v^2 C \cdot C_L \mathrm{d}r = \frac{1}{2}\rho \left[U\sqrt{\left(\lambda + \frac{2}{9\lambda}\right)^2 + \left(\frac{2}{3}\right)^2} \right]^2 C \cdot C_L \mathrm{d}r \\
&= \frac{1}{2}\rho U^2 CC_L \left[\left(\lambda + \frac{2}{9\lambda}\right)^2 + \left(\frac{2}{3}\right)^2 \right] \mathrm{d}r
\end{aligned} \tag{2.8}
$$

叶素阻力为

$$
\begin{aligned}
\mathrm{d}D &= \frac{1}{2}\rho v^2 C \cdot C_D \mathrm{d}r = \frac{1}{2}\rho \left[U\sqrt{\left(\lambda + \frac{2}{9\lambda}\right)^2 + \left(\frac{2}{3}\right)^2} \right]^2 C \cdot C_D \mathrm{d}r \\
&= \frac{1}{2}\rho U^2 CC_D \left[\left(\lambda + \frac{2}{9\lambda}\right)^2 + \left(\frac{2}{3}\right)^2 \right] \mathrm{d}r
\end{aligned} \tag{2.9}
$$

根据图 2.2，由式(2.6)~式(2.9)可得叶素轴向总推力为

$$\mathrm{d}T = \mathrm{d}L_u + \mathrm{d}D_u = \mathrm{d}L\cos\varphi + \mathrm{d}D\sin\varphi$$

$$= \frac{1}{2}\rho U^2 C C_L \Big[\Big(\lambda+\frac{2}{9\lambda}\Big)^2 + \Big(\frac{2}{3}\Big)^2\Big]\frac{\lambda+\dfrac{2}{9\lambda}}{\sqrt{\Big(\lambda+\dfrac{2}{9\lambda}\Big)^2 + \Big(\dfrac{2}{3}\Big)^2}}\mathrm{d}r$$

$$+ \frac{1}{2}\rho U^2 C C_D \Big[\Big(\lambda+\frac{2}{9\lambda}\Big)^2 + \Big(\frac{2}{3}\Big)^2\Big]\frac{\dfrac{2}{3}}{\sqrt{\Big(\lambda+\dfrac{2}{9\lambda}\Big)^2 + \Big(\dfrac{2}{3}\Big)^2}}\mathrm{d}r$$

$$= \frac{1}{2}\rho U^2 C\Big[\Big(\lambda+\frac{2}{9\lambda}\Big)C_L + \frac{2}{3}C_D\Big]\sqrt{\Big(\lambda+\frac{2}{9\lambda}\Big)^2 + \Big(\frac{2}{3}\Big)^2}\,\mathrm{d}r \qquad (2.10)$$

根据图 2.2，由式(2.6)～式(2.9)可得叶素周向总升力为

$$\mathrm{d}F = \mathrm{d}L_w - \mathrm{d}D_w = \mathrm{d}L\sin\varphi - \mathrm{d}D\cos\varphi$$

$$= \frac{1}{2}\rho U^2 C C_L \Big[\Big(\lambda+\frac{2}{9\lambda}\Big)^2 + \Big(\frac{2}{3}\Big)^2\Big]\frac{\dfrac{2}{3}}{\sqrt{\Big(\lambda+\dfrac{2}{9\lambda}\Big)^2 + \Big(\dfrac{2}{3}\Big)^2}}\mathrm{d}r$$

$$- \frac{1}{2}\rho U^2 C C_D \Big[\Big(\lambda+\frac{2}{9\lambda}\Big)^2 + \Big(\frac{2}{3}\Big)^2\Big]\frac{\lambda+\dfrac{2}{9\lambda}}{\sqrt{\Big(\lambda+\dfrac{2}{9\lambda}\Big)^2 + \Big(\dfrac{2}{3}\Big)^2}}\mathrm{d}r$$

$$= \frac{1}{2}\rho U^2 C\Big[\frac{2}{3}C_L - \Big(\lambda+\frac{2}{9\lambda}\Big)C_D\Big]\sqrt{\Big(\lambda+\frac{2}{9\lambda}\Big)^2 + \Big(\frac{2}{3}\Big)^2}\,\mathrm{d}r \qquad (2.11)$$

由式(2.11)可得，叶素总转矩为

$$\mathrm{d}M = r\mathrm{d}F = \frac{1}{2}\rho U^2 C\Big[\frac{2}{3}C_L - \Big(\lambda+\frac{2}{9\lambda}\Big)C_D\Big]\sqrt{\Big(\lambda+\frac{2}{9\lambda}\Big)^2 + \Big(\frac{2}{3}\Big)^2}\,r\mathrm{d}r$$

$$\qquad (2.12)$$

由式(2.12)及 $\omega r = \lambda U$ 的关系式可得叶素总功率为

$$\mathrm{d}P = \omega\,\mathrm{d}M = \frac{1}{2}\rho U^3 C\lambda\Big[\frac{2}{3}C_L - \Big(\lambda+\frac{2}{9\lambda}\Big)C_D\Big]\sqrt{\Big(\lambda+\frac{2}{9\lambda}\Big)^2 + \Big(\frac{2}{3}\Big)^2}\,\mathrm{d}r$$

$$\qquad (2.13)$$

在使用上述公式时还需将弦长 C、升力系数 C_L 和阻力系数 C_D 的具体表达式代入，并将其中当地线速度比 λ 转换为用尖速比 λ_t 表示，转换公式为 $\lambda = \lambda_t r/R = \lambda_t x$，然后再进行积分运算。

2.4　风力机气动性能积分公式

风力机由多个叶片组成，对上述叶素性能公式积分可以得到风力机的性能。水平轴风力机最重要的四个性能参数分别是功率系数、转矩系数、升力系数和推力系数，下面推导由 B 个叶片组成的风力机的性能，推导过程中用 x 代表相对弦长 r/R。

由式(2.10)得风力机推力系数的积分公式为

$$C_T = \frac{B}{\frac{1}{2}\rho U^2 \pi R^2} \int_R \frac{1}{2}\rho U^2 C \Big[\Big(\lambda + \frac{2}{9\lambda}\Big)C_L + \frac{2}{3}C_D \Big]\sqrt{\Big(\lambda + \frac{2}{9\lambda}\Big)^2 + \Big(\frac{2}{3}\Big)^2}\, \mathrm{d}r$$

$$= \frac{B}{\pi}\int_0^1 \Big(\frac{C}{R}\Big)\Big[\Big(\lambda + \frac{2}{9\lambda}\Big)C_L + \frac{2}{3}C_D\Big]\sqrt{\Big(\lambda + \frac{2}{9\lambda}\Big)^2 + \Big(\frac{2}{3}\Big)^2}\,\mathrm{d}\Big(\frac{r}{R}\Big)$$

$$= \frac{B}{\pi}\int_0^1 \Big(\frac{C}{R}\Big)\Big[\Big(\lambda_t x + \frac{2}{9\lambda_t x}\Big)C_L + \frac{2}{3}C_D\Big]\sqrt{\Big(\lambda + \frac{2}{9\lambda_t x}\Big)^2 + \Big(\frac{2}{3}\Big)^2}\,\mathrm{d}x \quad (2.14)$$

由式(2.11)得风力机升力系数的积分公式为

$$C_F = \frac{B}{\frac{1}{2}\rho U^2 \pi R^2} \int_R \frac{1}{2}\rho U^2 C \Big[\frac{2}{3}C_L - \Big(\lambda + \frac{2}{9\lambda}\Big)C_D \Big]\sqrt{\Big(\lambda + \frac{2}{9\lambda}\Big)^2 + \Big(\frac{2}{3}\Big)^2}\, \mathrm{d}r$$

$$= \frac{B}{\pi}\int_0^1 \Big(\frac{C}{R}\Big)\Big[\frac{2}{3}C_L - \Big(\lambda + \frac{2}{9\lambda}\Big)C_D\Big]\sqrt{\Big(\lambda + \frac{2}{9\lambda}\Big)^2 + \Big(\frac{2}{3}\Big)^2}\,\mathrm{d}\Big(\frac{r}{R}\Big)$$

$$= \frac{B}{\pi}\int_0^1 \Big(\frac{C}{R}\Big)\Big[\frac{2}{3}C_L - \Big(\lambda_t x + \frac{2}{9\lambda_t x}\Big)C_D\Big]\sqrt{\Big(\lambda_t x + \frac{2}{9\lambda_t x}\Big)^2 + \Big(\frac{2}{3}\Big)^2}\,\mathrm{d}x$$

$$(2.15)$$

由式(2.12)得风力机转矩系数的积分公式为

$$C_M = \frac{B}{\frac{1}{2}\rho U^2 \pi R^3} \int_R \frac{1}{2}\rho U^2 C \Big[\frac{2}{3}C_L - \Big(\lambda + \frac{2}{9\lambda}\Big)C_D \Big]\sqrt{\Big(\lambda + \frac{2}{9\lambda}\Big)^2 + \Big(\frac{2}{3}\Big)^2}\, r\mathrm{d}r$$

$$= \frac{B}{\pi}\int_0^1 \Big(\frac{r}{R}\Big)\Big(\frac{C}{R}\Big)\Big[\frac{2}{3}C_L - \Big(\lambda + \frac{2}{9\lambda}\Big)C_D\Big]\sqrt{\Big(\lambda + \frac{2}{9\lambda}\Big)^2 + \Big(\frac{2}{3}\Big)^2}\,\mathrm{d}\Big(\frac{r}{R}\Big)$$

$$= \frac{B}{\pi}\int_0^1 x\Big(\frac{C}{R}\Big)\Big[\frac{2}{3}C_L - \Big(\lambda_t x + \frac{2}{9\lambda_t x}\Big)C_D\Big]\sqrt{\Big(\lambda_t x + \frac{2}{9\lambda_t x}\Big)^2 + \Big(\frac{2}{3}\Big)^2}\,\mathrm{d}x$$

$$(2.16)$$

由式(2.13)得风力机功率系数的积分公式为

$$C_P = \frac{B}{\frac{1}{2}\rho U^3 \pi R^2} \int_R \frac{1}{2}\rho U^3 \lambda C \left[\frac{2}{3}C_L - \left(\lambda + \frac{2}{9\lambda} \right)C_D \right] \sqrt{\left(\lambda + \frac{2}{9\lambda} \right)^2 + \left(\frac{2}{3} \right)^2} \, \mathrm{d}r$$

$$= \frac{B}{\pi} \int_0^1 \lambda \left(\frac{C}{R} \right) \left[\frac{2}{3}C_L - \left(\lambda + \frac{2}{9\lambda} \right)C_D \right] \sqrt{\left(\lambda + \frac{2}{9\lambda} \right)^2 + \left(\frac{2}{3} \right)^2} \, \mathrm{d}\left(\frac{r}{R} \right)$$

$$= \frac{B}{\pi} \int_0^1 \lambda_t x \left(\frac{C}{R} \right) \left[\frac{2}{3}C_L - \left(\lambda_t x + \frac{2}{9\lambda_t x} \right)C_D \right] \sqrt{\left(\lambda_t x + \frac{2}{9\lambda_t x} \right)^2 + \left(\frac{2}{3} \right)^2} \, \mathrm{d}x$$

$$\tag{2.17}$$

这些公式适用于任意翼型的水平轴风力机。在使用上述公式时还需将相对弦长 C/R、翼型升力系数 C_L 和阻力系数 C_D 的具体表达式代入,然后继续进行积分运算。这样,如果已知弦长和攻角的表达式,风力机最佳气动性能就可以通过解析计算的方法得到。

2.5   本 章 小 结

本章首先将风力机的稳定运行状态设定为设计工况,这是非常重要且很特殊的运行状态,它不仅是设计风力机所追求的最佳运行状态,而且在该状态下轴向速度诱导因子是常数,不必进行迭代计算,可大大简化计算步骤。

本章对设计工况风力机叶片的受力状态进行了分析,得到了入流角、扭角和攻角,入流流速和入流角与尖速比等多个参数之间的基本关系式。利用这些关系式,根据叶素-动量理论,推导出叶素气动性能微分公式以及风力机气动性能积分公式。如果将后面几章研究得到的弦长公式、翼型升力系数和阻力系数的具体表达式代入本章公式,然后继续进行积分运算,就能得到风力机功率、转矩、升力和推力系数的最终结果。因此本章内容是后面几章研究内容的理论基础。

第3章 理想风力机的叶片结构

人们渴望了解理想风力机的结构和性能,作为制造更好风力机的追求目标。本章将提出理想叶片和理想风力机的概念,探讨理想叶片的结构形态,重点研究理想弦长和理想扭角的分布函数。由理想叶片组成的理想风力机的性能将在第4章探讨。

3.1 理想叶片的含义

本章将讨论理想叶片及其最佳攻角、理想扭角和理想弦长的含义和计算公式,现对相关基本概念集中说明如下。

最佳攻角:使叶素效率最高(即能产生最大功率)的攻角就是最佳攻角。3.2节还将证明,最佳攻角也是使翼型升阻比最大的攻角。

理想扭角:假定翼型沿翼展不变,设计工况叶片入流角与最佳攻角的差值沿翼展的分布就是理想扭角。

理想弦长:假定翼型沿翼展不变且扭角为理想扭角时,设计工况按叶素-动量理论[24]推导得到的叶片弦长沿翼展的分布就是理想弦长。

理想叶片:叶片的结构包括扭角、弦长和翼型。具有理想扭角、理想弦长和在理想流体中升阻比为无穷大的翼型结构的叶片称为理想叶片。由于理想流体不产生阻力,任意翼型的升阻比都为无穷大,所以可以认为具有理想扭角、理想弦长和实际翼型结构的叶片就是理想叶片。

理想风力机:由无限多个理想叶片组成的风轮称为理想风力机。

3.2 最佳攻角的计算

当风力机的翼型选定后,升力系数 C_L 和阻力系数 C_D 及其比值 ζ(称为升阻比)仅随攻角 α 变化。显然存在能使叶片效率达到最高的攻角,即最佳攻角。

式(2.11)和式(2.10)分别给出了稳定运行状态的叶素周向总升力 $\mathrm{d}F$ 和轴向总推力 $\mathrm{d}T$:

$$\mathrm{d}F = \mathrm{d}L_w - \mathrm{d}D_w = \mathrm{d}L\sin\varphi - \mathrm{d}D\cos\varphi = \frac{1}{2}\rho v^2 C(C_L\sin\varphi - C_D\cos\varphi)\mathrm{d}r$$

$$= \frac{1}{2}\rho U^2 C \left[\frac{2}{3}C_L - \left(\lambda + \frac{2}{9\lambda} \right) C_D \right] \sqrt{ \left(\lambda + \frac{2}{9\lambda} \right)^2 + \left(\frac{2}{3} \right)^2 } \, dr \tag{3.1}$$

$$dT = dL_u + dD_u = dL\cos\varphi + dD\sin\varphi = \frac{1}{2}\rho v^2 C (C_L\cos\varphi + C_D\sin\varphi) \, dr$$

$$= \frac{1}{2}\rho U^2 C \left[\left(\lambda + \frac{2}{9\lambda} \right) C_L + \frac{2}{3}C_D \right] \sqrt{ \left(\lambda + \frac{2}{9\lambda} \right)^2 + \left(\frac{2}{3} \right)^2 } \, dr \tag{3.2}$$

根据式(3.1)和式(3.2)，对于稳定运行状态任一叶素，总升力与总推力比值为

$$\frac{dF}{dT} = \frac{ \dfrac{2}{3}C_L - \left(\lambda + \dfrac{2}{9\lambda} \right) C_D }{ \dfrac{2}{3}C_D + \left(\lambda + \dfrac{2}{9\lambda} \right) C_L } \tag{3.3}$$

叶片的叶素效率 η 与叶素总升力和总推力的比值 dF/dT 呈正比关系[25]，即

$$\eta = \frac{dP}{dP_u} = \frac{\omega r}{U} \frac{dF}{dT} = \lambda \frac{dF}{dT} \tag{3.4}$$

式中，dP_u 是风力提供给叶素 dr 的功率；dP 为风轮在叶素 dr 部分的输出功率。对任一叶素，在稳定运行状态下线速度比 λ 不随攻角变化。为求极值点，令

$$\frac{\partial \eta}{\partial \alpha} = \lambda \frac{\partial}{\partial \alpha} \left(\frac{dF}{dT} \right) = 0 \tag{3.5}$$

将式(3.3)代入式(3.5)，得

$$\frac{ (81\lambda^4 + 72\lambda^2 + 4) \left[C_L'(\alpha) C_D(\alpha) - C_L(\alpha) C_D'(\alpha) \right] }{ \left[6\lambda C_D(\alpha) + (9\lambda^2 + 2) C_L(\alpha) \right]^2 } = 0 \tag{3.6}$$

由此可得

$$\frac{C_L(\alpha)}{C_D(\alpha)} = \frac{C_L'(\alpha)}{C_D'(\alpha)} \tag{3.7}$$

或

$$\frac{C_L(\alpha)}{C_D(\alpha)} = \frac{dC_L(\alpha)}{dC_D(\alpha)} \tag{3.8}$$

满足式(3.7)或式(3.8)的攻角就是最佳攻角。该攻角为埃菲尔极曲线[26]（翼型升力和阻力系数关系曲线）与过原点的切线相切处的攻角，记为 α_b（图 3.1）。

从图 3.1 可以看出，对于实际翼型，最佳攻角只有一个，下面将证明这个最佳攻角就是使升阻比最大的攻角。叶素升阻比 ζ 的定义为

$$\zeta = \frac{C_L(\alpha)}{C_D(\alpha)} \tag{3.9}$$

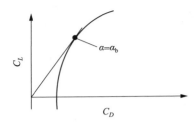

图 3.1　埃菲尔极曲线最佳攻角位置示意图

令 $\partial \zeta / \partial \alpha = 0$，可得

$$\frac{C_L(\alpha)}{C_D(\alpha)} = \frac{C_L'(\alpha)}{C_D'(\alpha)} \tag{3.10}$$

式（3.10）与式（3.7）相同，证明最佳攻角就是使叶素升阻比最大的攻角。这个结论说明，要使风力机的效率最高，叶片的每个位置的攻角都应使该处的升阻比保持最大值，即每个位置都要处于最佳攻角状态，这可以通过合理设计扭角实现。

3.3　理想扭角的计算

对于给定的风力机设计尖速比 λ_t（叶尖线速度 ωR 与无穷远来流风速 U 的比值 $\omega R/U$），在稳定运行状态下任一叶素的速度诱导因子和入流角是确定的，并且对任何风力机都相同。由图 2.2 和式（2.3），入流角 φ 可由式（3.11）计算[27]。

$$\tan\varphi = \frac{u}{w} = \frac{1-a}{1 + \dfrac{a(1-a)}{\lambda^2}} \frac{1}{\lambda} = \frac{6\lambda}{9\lambda^2 + 2} = \frac{6\lambda_t x}{9\lambda_t^2 x^2 + 2} \tag{3.11}$$

式中，$x = r/R$ 为相对半径。当 $x = \sqrt{2}/(3\lambda_t)$ 时入流角存在最大值

$$\varphi_{\max} = \arctan(\sqrt{2}/2) \approx 35.3° \tag{3.12}$$

尖速比越大，最大值点越靠近叶根部。尖速比大于 5 时，最大值点在 $0.1R$ 内侧。对于给定的尖速比 λ_t 分别为 6、8、10 三种情况，入流角 φ 沿展向 r/R 的变化趋势如图 3.2 所示。

由于扭角和攻角之和等于入流角，所以满足最佳攻角 α_b 的扭角就是理想扭角，根据式（3.11），理想扭角 β 的计算公式为

$$\beta = \varphi - \alpha_b = \arctan\frac{6\lambda_t x}{9\lambda_t^2 x^2 + 2} - \alpha_b \tag{3.13}$$

从式（3.13）可以看出，理想扭角由设计尖速比 λ_t 和最佳攻角 α_b 确定。

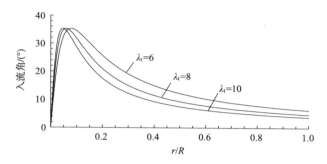

图 3.2　入流角沿展向 r/R 的变化趋势

例如，设计时采用最佳攻角 α_b 约为 6° 的 NACA 23015 翼型，且沿展向翼型不变，则理想扭角表达式为

$$\beta = \varphi - \alpha_b = \arctan \frac{6\lambda_t x}{9\lambda_t^2 x^2 + 2} - 6° \tag{3.14}$$

可见，最佳攻角可以通过解析计算的方法反推得到。

3.4　理想弦长的计算

根据动量理论，来流对风轮圆盘中半径为 r 到 $r+\mathrm{d}r$ 的圆环的推力为[28,29]

$$\mathrm{d}T = 4\pi\rho U^2 a(1-a) r\, \mathrm{d}r \tag{3.15}$$

将稳定运行状态的轴向速度诱导因子 $a=1/3$ 代入，并使之与根据叶素理论推导的推力公式（2.10）相等，考虑叶片数为 B，得

$$4\pi\rho U^2 \cdot \frac{1}{3}\left(1-\frac{1}{3}\right) r\,\mathrm{d}r = B \cdot \frac{1}{2}\rho U^2 C\left[\left(\lambda+\frac{2}{9\lambda}\right)C_L + \frac{2}{3}C_D\right]\sqrt{\left(\lambda+\frac{2}{9\lambda}\right)^2 + \left(\frac{2}{3}\right)^2}\,\mathrm{d}r \tag{3.16}$$

由此可解出相对弦长表达式为

$$\frac{C}{R} = \frac{16\pi}{9B}\frac{r}{R} \cdot \frac{1}{\left[\left(\lambda+\frac{2}{9\lambda}\right)C_L + \frac{2}{3}C_D\right]\sqrt{\left(\lambda+\frac{2}{9\lambda}\right)^2 + \left(\frac{2}{3}\right)^2}} \tag{3.17}$$

将对应最佳攻角的升力、阻力系数代入，可推导出理想相对弦长沿翼展的分布表达式为

$$\frac{C}{R} = \frac{16\pi}{9B} \frac{x}{\left[\left(\lambda_t x + \frac{2}{9\lambda_t x}\right) C_L(\alpha_b) + \frac{2}{3} C_D(\alpha_b)\right] \sqrt{\left(\lambda_t x + \frac{2}{9\lambda_t x}\right)^2 + \left(\frac{2}{3}\right)^2}}$$

$$(3.18)$$

从式(3.18)可以看出,理想相对弦长是设计尖速比、最佳攻角的升力和阻力系数以及叶片数的函数。式(3.18)根据叶素-动量理论推导而得,对所有翼型都适用。

设叶片数 $B=3$,若采用 NACA 23015 翼型,则该翼型最佳攻角 α_b 约为 $6°$,对应的升力系数为 $C_L=0.76$,阻力系数为 $C_D=0.0087$,代入式(3.18),则得到具体表达式为

$$\frac{C}{R} = \frac{16\pi}{27} \frac{x}{\left[0.76\left(\lambda_t x + \frac{2}{9\lambda_t x}\right) + 0.0087 \times \frac{2}{3}\right] \sqrt{\left(\lambda_t x + \frac{2}{9\lambda_t x}\right)^2 + \left(\frac{2}{3}\right)^2}}$$

$$(3.19)$$

对于给定不同的设计尖速比,NACA 23015 翼型理想相对弦长曲线图形如图 3.3 所示。

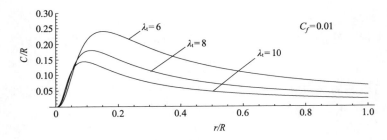

图 3.3　理想相对弦长曲线图形示例

可见,理想弦长也可以通过解析计算的方法反推得到。从图形来看,这种扭曲的形状很难加工生产,再考虑扭角曲线,制造难度难以想象。但是作为理想弦长公式,它可以指导设计,并能在理论上发挥重要作用,例如,可以利用它推导功率、转矩和推力等性能的极限参数值。

3.5　关于理想翼型

翼型的理想结构应该是能使升阻比为无穷大的结构,或者说是阻力为 0 的结构,这种结构的形式显然是不存在的,当然难以用图形或函数表达。但是实际翼型

的升阻比是有限值,其结构形式可以用图形表达,其中一些还可以用函数表达,第7 章将专门探讨用函数表达翼型的方法。

虽然实际翼型的升阻比不可能是无穷大,但是运行在理想流体中的翼型阻力为 0,升阻比为无穷大,因此,运行在理想流体中的任何实际翼型都可认为是理想翼型。

3.6　理想叶片的形态

理想叶片的结构形态由叶片函数确定,该函数包含 3 个子函数:弦长函数、扭角函数和翼型函数。一个理想叶片结构的示例如图 3.4 所示,其扭角函数由式(12.11)确定,弦长函数由式(12.12)定义,翼型函数由式(12.9)和式(12.10)表示(参见第 12 章)。

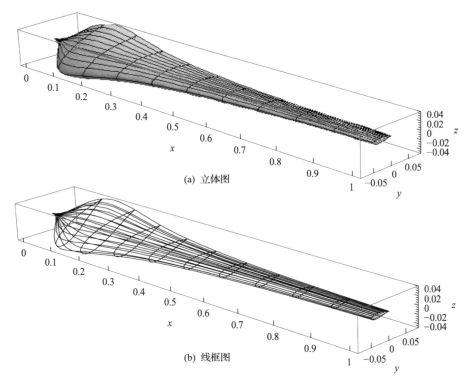

图 3.4　理想叶片结构示例

理想叶片具有很高的理论价值,但不能直接使用,需结合结构强度和制造安装工艺等因素进行改造后才具有实用价值。关于实用叶片结构形态的示例参见第12 章,该章将系统地探讨叶片的函数化设计方法,即研究用叶片函数生成三维图像绘制叶片立体图进行叶片设计的方法。

3.7　本章小结

　　本章首先定义了最佳攻角、理想扭角、理想弦长的基本概念。本章还证明了能使叶素产生最高效率的攻角就是能使升阻比达到最大值的攻角，并利用叶素-动量理论推导出理想扭角、理想弦长的解析计算公式。研究表明，理想弦长是尖速比、升力与阻力系数以及叶片数的函数，理想扭角则是入流角与最佳攻角之差。本章还在理想扭角、理想弦长的概念基础上提出了理想叶片和理想风力机的概念，明确了理想叶片的结构特征，为建立理想风力机理论奠定了基础。

第4章 理想风力机的最高性能

理想风力机的最高性能是指理想风力机在理想流体中运行的功率、转矩、升力和推力性能。由于理想流体不产生阻力（翼型的升阻比为无穷大），所以理想风力机在理想流体中的性能仅是尖速比的函数。这种情况下理想风力机的性能是最高的，是性能不可逾越的极限值，探讨该最高性能具有重要的理论意义。

贝兹极限指出风力机功率系数的最大值约为 0.593，即使如此，它仍然高不可攀，现代风力机功率系数难以超越 0.5[30,31]，是否还存在另一个极限？本章将证明这个极限是存在的，它与风力机的设计尖速比关联，只有当尖速比趋近于无穷大时，这个关联极限才能趋近于贝兹极限。与此类似，本章还将给出风力机升力、转矩和推力的性能极限。

现将计算理想风力机和实用风力机最高性能和一般性能的环境特点和相关章节列入表 4.1 中，以便读者深入了解不同章节（内容）之间的区别和联系，例如，第5 章也探讨理想风力机的性能，与本章的区别是将理想风力机运行于实际流体环境（升阻比不再为无穷大），从而研究理想风力机的一般性能。

表 4.1 风力机不同性能的计算环境和章节布局

风力机类型	最高性能	一般性能
理想风力机	理想叶片结构（理想弦长和扭角） 无限多个叶片（不考虑叶尖损失） 理想流体环境（升阻比为无穷大） （第4章）	理想叶片结构（理想弦长和扭角） 无限多个叶片（不考虑叶尖损失） 实际流体环境（升阻比为有限值） （第5章）
实用风力机	理想叶片结构（理想弦长和扭角） 有限多个叶片（需考虑叶尖损失） 实际流体环境（升阻比为有限值） （第9章）	简化叶片结构（简化弦长和扭角） 有限多个叶片（需考虑叶尖损失） 实际流体环境（升阻比为有限值） （第11章）

4.1 功率性能及其极限

设风力机由 B 个理想叶片组成，将理想叶片的攻角 α_b 和弦长公式（3.18）代入叶素功率解析表达式（2.17），进行积分后即可导出风力机的功率系数计算公式，如式（4.1）所示[32]。

$$C_P = \frac{B}{\frac{1}{2}\rho U^3 \pi R^2} \int_R \mathrm{d}P = \frac{B}{\pi} \int_R \left(\frac{C}{R}\right) \lambda \left[\frac{2}{3} C_L - \left(\lambda + \frac{2}{9\lambda}\right) C_D\right] \sqrt{\left(\lambda + \frac{2}{9\lambda}\right)^2 + \left(\frac{2}{3}\right)^2} \, \mathrm{d}\left(\frac{r}{R}\right)$$

$$= \frac{B}{\pi} \int_0^1 \left\{\frac{16\pi}{9B} \frac{x}{\left[\left(\lambda_t x + \frac{2}{9\lambda_t x}\right) C_L(\alpha_b) + \frac{2}{3} C_D(\alpha_b)\right] \sqrt{\left(\lambda_t x + \frac{2}{9\lambda_t x}\right)^2 + \left(\frac{2}{3}\right)^2}}\right\}$$

$$\cdot \lambda_t x \left[\frac{2}{3} C_L(\alpha_b) - \left(\lambda_t x + \frac{2}{9\lambda_t x}\right) C_D(\alpha_b)\right] \sqrt{\left(\lambda_t x + \frac{2}{9\lambda_t x}\right)^2 + \left(\frac{2}{3}\right)^2} \, \mathrm{d}x$$

$$= \frac{16}{9} \int_0^1 \frac{\lambda_t x^2 \left[\frac{2}{3} C_L(\alpha_b) - \left(\lambda_t x + \frac{2}{9\lambda_t x}\right) C_D(\alpha_b)\right]}{\left(\lambda_t x + \frac{2}{9\lambda_t x}\right) C_L(\alpha_b) + \frac{2}{3} C_D(\alpha_b)} \, \mathrm{d}x \tag{4.1}$$

式(4.1)的积分结果过于复杂,可将最佳攻角 α_b 对应的升力系数 C_L 和阻力系数 C_D 的具体值先代入该式,然后进行积分,得到设计工况功率系数公式。如果用符号表示,则式(4.1)的积分结果为

$$C_P = \left[\frac{64 C_D(-2C_D^4 + C_L^2 C_D^2 + 3C_L^4)}{243 \lambda_t^2 C_L^4 \sqrt{2C_L^2 - C_D^2}} \arctan \frac{C_D + 3C_L \lambda_t x}{\sqrt{2C_L^2 - C_D^2}}\right]\Big|_{x=0}^1$$

$$+ \left[\frac{32(2C_D^4 + C_L^2 C_D^2 - C_L^4)}{243 \lambda_t^2 C_L^4} \ln(2C_L + 6C_D \lambda_t x + 9C_L \lambda_t^2 x^2)\right]\Big|_{x=0}^1$$

$$+ \left[\frac{16}{81} \frac{(C_D^2 + C_L^2)(3C_L \lambda_t x^2 - 4C_D x) - 3C_L^2 C_D \lambda_t^2}{\lambda_t C_L^3}\right]\Big|_{x=0}^1$$

$$= \frac{64 C_D(2C_D^4 - C_L^2 C_D^2 - 3C_L^4)}{243 \lambda_t^2 C_L^4 \sqrt{2C_L^2 - C_D^2}} \left(\arctan \frac{C_D}{\sqrt{2C_L^2 - C_D^2}} - \arctan \frac{C_D + 3\lambda_t C_L}{\sqrt{2C_L^2 - C_D^2}}\right)$$

$$+ \frac{32(2C_D^4 + C_L^2 C_D^2 - C_L^4)}{243 \lambda_t^2 C_L^4} \ln \frac{2C_L + 6\lambda_t C_D + 9\lambda_t^2 C_L}{2C_L}$$

$$+ \frac{16[3\lambda_t C_L C_D^2 - 4C_D^3 + 3\lambda_t C_L^3 - (3\lambda_t^2 + 4)C_L^2 C_D]}{81 \lambda_t C_L^3} \tag{4.2}$$

这就是理想风力机的功率系数公式。再看零阻力时功率系数的特征。在式(4.1)或式(4.2)中,阻力系数 C_D 等于0(即升阻比为无穷大)的特殊情况是理想风力机功率系数随设计尖速比变化的最高性能。令 $C_D = 0$,代入式(4.1),得

$$C_P \big|_{C_D=0} = \frac{16}{9} \int_0^1 \frac{\frac{2}{3} \lambda_t x^2}{\lambda_t x + \frac{2}{9\lambda_t x}} \, \mathrm{d}x = \frac{16}{243 \lambda_t^2} \left[9\lambda_t^2 - 2\ln(9\lambda_t^2 + 2) + 2\ln 2\right] \tag{4.3}$$

本书将该式称为与设计尖速比关联的理想风力机最高功率系数公式。图 4.1

反映了尖速比关联极限的变化趋势。与贝兹极限是一条水平直线不同,尖速比关联极限是一条曲线,比贝兹极限给出的固定值小一些,因此尖速比关联极限比贝兹极限更有实用价值。

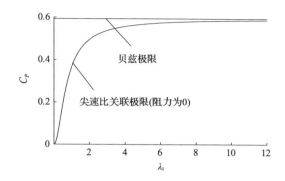

图 4.1　与设计尖速比关联的理想风力机功率系数曲线变化趋势

根据式(4.3),当尖速比无限增大时,该式逼近贝兹极限,即

$$C_{P\max}\big|_{C_D=0} = \lim_{\lambda_t\to\infty} C_P\big|_{C_D=0} = \lim_{\lambda_t\to\infty} \frac{16\partial_{\lambda_t}\left[9\lambda_t^2-2\ln(2+9\lambda_t^2)+\ln 4\right]}{243\partial_{\lambda_t}(\lambda_t^2)}$$

$$= \lim_{\lambda_t\to\infty} \frac{16\left(18\lambda_t - \dfrac{36\lambda_t}{2+9\lambda_t^2}\right)}{486\lambda_t} = \frac{16}{27} \tag{4.4}$$

由该式可见,仅当升阻比和尖速比都趋近于无穷大时,功率系数才能趋近于贝兹极限。

提出贝兹极限时采用的方法是动量理论,推导的最后步骤介绍如下[33]:将风轮视作一个圆盘,将上下游的压力差乘以来流风速,得到无量纲的功率系数公式为

$$C_P = 4a(1-a)^2 \tag{4.5}$$

对该式求极值,得到轴向诱导速度 a 为 1/3 时,功率系数的最大值为 16/27,即贝兹极限。此推导过程没有考虑叶片形状等细节,没有给出功率系数与尖速比和升阻比的关联关系,得到的是一个最理想状态(升阻比和尖速比都趋近于无穷大)的最终值。本书则采用解析计算的方法证明并细化了贝兹极限,此过程包含攻角、弦长等几乎所有重要参数的推导和计算。换个角度来看,贝兹极限仅是本书公式的一个特例。

4.2　转矩性能及其极限

将理想弦长公式(3.18)代入风力机转矩系数表达式(2.16),可以导出理想风

力机转矩系数公式[34]，如式(4.6)所示。

$$C_M = \frac{B}{\pi}\int_0^1 x\left(\frac{C}{R}\right)\left[\frac{2}{3}C_L - \left(\lambda_t x + \frac{2}{9\lambda_t x}\right)C_D\right]\sqrt{\left(\lambda_t x + \frac{2}{9\lambda_t x}\right)^2 + \left(\frac{2}{3}\right)^2}\,\mathrm{d}x$$

$$= \frac{B}{\pi}\int_0^1 x\left\{\frac{16\pi}{9B}\frac{x}{\left[\left(\lambda_t x + \frac{2}{9\lambda_t x}\right)C_L(\alpha_b) + \frac{2}{3}C_D(\alpha_b)\right]\sqrt{\left(\lambda_t x + \frac{2}{9\lambda_t x}\right)^2 + \left(\frac{2}{3}\right)^2}}\right\}$$

$$\cdot\left[\frac{2}{3}C_L(\alpha_b) - \left(\lambda_t x + \frac{2}{9\lambda_t x}\right)C_D(\alpha_b)\right]\sqrt{\left(\lambda_t x + \frac{2}{9\lambda_t x}\right)^2 + \left(\frac{2}{3}\right)^2}\,\mathrm{d}x$$

$$= \frac{16}{9}\int_0^1 \frac{x^2\left[\frac{2}{3}C_L(\alpha_b) - \left(\lambda_t x + \frac{2}{9\lambda_t x}\right)C_D(\alpha_b)\right]}{\left(\lambda_t x + \frac{2}{9\lambda_t x}\right)C_L(\alpha_b) + \frac{2}{3}C_D(\alpha_b)}\,\mathrm{d}x \tag{4.6}$$

阻力系数 C_D 等于 0 的特殊情况是理想风力机转矩系数随设计尖速比变化的最高性能。令 $C_D = 0$，代入式(4.6)，得

$$C_{M\max} = \frac{16}{9}\int_0^1 \frac{\frac{2}{3}x^2}{\lambda_t x + \frac{2}{9\lambda_t x}}\,\mathrm{d}x = \frac{16}{243\lambda_t^3}\left[9\lambda_t^2 - 2\ln(9\lambda_t^2 + 2) + 2\ln 2\right] \tag{4.7}$$

由此得到了阻力为 0 时与设计尖速比关联的转矩系数最高性能公式。从理论上说，对应于相同的设计尖速比，在稳定运行状态下任何实际风力机的转矩系数都不会超过该公式规定的上限，不论阻力减小到何种程度。

对应于风力机设计尖速比的转矩系数理论极限曲线如图 4.2 所示。

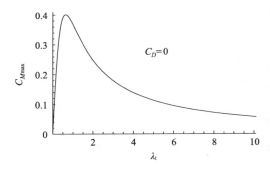

图 4.2　与尖速比关联的转矩系数理论极限

当设计尖速比约为 0.635428 时，该曲线存在最大值，约为 0.401017。

4.3　升力性能及其极限

与前面的方法类似,将理想弦长公式(3.18)代入风力机升力系数表达式(2.15),进行积分后即可导出理想风力机的总升力系数公式[35],如式(4.8)所示。

$$C_F = \frac{B}{\pi}\int_0^1 \left(\frac{C}{R}\right)\left[\frac{2}{3}C_L - \left(\lambda_t x + \frac{2}{9\lambda_t x}\right)C_D\right]\sqrt{\left(\lambda_t x + \frac{2}{9\lambda_t x}\right)^2 + \left(\frac{2}{3}\right)^2}\,dx$$

$$= \frac{B}{\pi}\int_0^1 \left\{\frac{16\pi}{9B}\frac{x}{\left[\left(\lambda_t x + \frac{2}{9\lambda_t x}\right)C_L(\alpha_b) + \frac{2}{3}C_D(\alpha_b)\right]\sqrt{\left(\lambda_t x + \frac{2}{9\lambda_t x}\right)^2 + \left(\frac{2}{3}\right)^2}}\right\}$$

$$\cdot \left[\frac{2}{3}C_L(\alpha_b) - \left(\lambda_t x + \frac{2}{9\lambda_t x}\right)C_D(\alpha_b)\right]\sqrt{\left(\lambda_t x + \frac{2}{9\lambda_t x}\right)^2 + \left(\frac{2}{3}\right)^2}\,dx$$

$$= \frac{16}{9}\int_0^1 \frac{x\left[\frac{2}{3}C_L(\alpha_b) - \left(\lambda_t x + \frac{2}{9\lambda_t x}\right)C_D(\alpha_b)\right]}{\left(\lambda_t x + \frac{2}{9\lambda_t x}\right)C_L(\alpha_b) + \frac{2}{3}C_D(\alpha_b)}\,dx \tag{4.8}$$

阻力系数 C_D 等于 0 的特殊情况是理想风力机升力系数随设计尖速比变化的最高性能。令 $C_D = 0$,代入式(4.8),得

$$C_{F\max} = \frac{16}{9}\int_0^1 \frac{\frac{2}{3}x}{\lambda_t x + \frac{2}{9\lambda_t x}}\,dx = \frac{32}{81\lambda_t^2}\left(3\lambda_t - \sqrt{2}\arctan\frac{3\lambda_t}{\sqrt{2}}\right) \tag{4.9}$$

这是阻力为 0 时与尖速比关联的升力系数最高性能公式。从理论上说,对应于相同的设计尖速比,在稳定运行状态下任何实际风力机的升力系数都不会超过该式规定的上限,不论阻力减小到何种程度。

对应于风力机设计尖速比的升力系数理论极限曲线如图 4.3 所示。

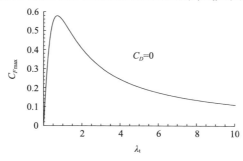

图 4.3　与尖速比关联的升力系数理论极限

当设计尖速比约为 0.714175 时,该曲线存在最大值,约为 0.577950。

4.4　推力性能及其极限

将理想弦长公式(3.18)代入风力机推力系数公式(2.14),可导出理想风力机轴向总推力系数公式,如式(4.10)所示。

$$
\begin{aligned}
C_T = C_{T\min} &= \frac{B}{\pi} \int_0^1 \left(\frac{C}{R}\right) \left[\left(\lambda_t x + \frac{2}{9\lambda_t x}\right) C_L + \frac{2}{3} C_D\right] \sqrt{\left(\lambda + \frac{2}{9\lambda_t x}\right)^2 + \left(\frac{2}{3}\right)^2} \, \mathrm{d}x \\
&= \frac{B}{\pi} \int_0^1 \left\{ \frac{16\pi}{9B} \frac{x}{\left[\left(\lambda_t x + \frac{2}{9\lambda_t x}\right) C_L(\alpha_b) + \frac{2}{3} C_D(\alpha_b)\right] \sqrt{\left(\lambda_t x + \frac{2}{9\lambda_t x}\right)^2 + \left(\frac{2}{3}\right)^2}} \right\} \\
&\quad \cdot \left[\left(\lambda_t x + \frac{2}{9\lambda_t x}\right) C_L(\alpha_b) + \frac{2}{3} C_D(\alpha_b)\right] \sqrt{\left(\lambda_t x + \frac{2}{9\lambda_t x}\right)^2 + \left(\frac{2}{3}\right)^2} \, \mathrm{d}x \\
&= \frac{16}{9} \int_0^1 x \, \mathrm{d}x = \frac{8}{9}
\end{aligned}
\tag{4.10}
$$

可见在稳定工况下,推力与弦长、尖速比和升阻比无关。这里需要注意的是,当尖速比和升阻比变化时,根据叶素-动量定理推导的弦长也随之变化,在式(4.10)的被积函数中,弦长项和其他项同步呈反比变化,结果就消除了尖速比和升阻比的影响。

推力越小,塔架受力越小,塔基处的弯矩也越小,风力机抵抗台风的能力越强。但是推力系数小并不意味推力小,因为推力与风速关系很大。

4.5　本　章　小　结

本章将理想叶片的弦长公式代入叶素性能解析表达式进行积分后,推导出风力机的功率、转矩、升力和推力系数计算公式,对于运行在理想流体环境的叶片,令升阻比趋近于无穷大(阻力为 0),得到功率、转矩、升力和推力的最高性能公式,进一步,令尖速比趋近于无穷大,又得到了功率、转矩、升力和推力的极限性能公式。

现将理想风力机稳定运行工况的最高性能和极限性能小结于表 4.2 中。

表 4.2　稳定运行工况理想风力机的最高性能和极限性能

性能参数	最高性能		极限性能	
	表达式	获取条件	极限值	获取条件
功率系数	$\dfrac{16}{243\lambda_t^2}\left[9\lambda_t^2-2\ln(9\lambda_t^2+2)+2\ln2\right]$	$C_D=0$	0.592593	$C_D=0$ 且 $\lambda_t\to\infty$
转矩系数	$\dfrac{16}{243\lambda_t^3}\left[9\lambda_t^2-2\ln(9\lambda_t^2+2)+2\ln2\right]$	$C_D=0$	0.401017	$C_D=0$ 且 $\lambda_t\approx0.635428$
升力系数	$\dfrac{32}{81\lambda_t^2}\left(3\lambda_t-\sqrt{2}\arctan\dfrac{3\lambda_t}{\sqrt{2}}\right)$	$C_D=0$	0.577950	$C_D=0$ 且 $\lambda_t\approx0.714175$
推力系数	8/9(稳定工况任意设计尖速比)	任意阻力	0.888889	稳定工况

第 5 章 理想风力机的一般性能

理想风力机的一般性能是指理想风力机在实际流体中运行的功率、转矩、升力和推力性能。与在理想流体中运行(第 4 章)的情况不同,在实际流体中翼型的升阻比为有限值,因此,理想风力机的性能不仅是尖速比的函数,也是升阻比的函数。

理想风力机运行在实际流体中性能必然会降低,但却更接近实际情况。因为实际风力机的升阻比和尖速比都不会趋近于无穷大,所以升阻比和尖速比都比有限值的理想风力机的一般性能更有实用价值,与第 4 章讨论的理想风力机的最高性能和极限性能相比,更适合作为设计实际风力机的追求目标。

本章将推导出理想风力机在任意尖速比和任意升阻比条件下的功率、转矩、升力和推力性能。

5.1 功率一般性能

翼型的升阻比为

$$\zeta = C_L/C_D \tag{5.1}$$

该式也可表示为

$$C_L = \zeta C_D \tag{5.2}$$

将此式代入功率系数公式(4.1),进行积分,得

$$
C_{Pmax} = \frac{16}{9} \int_0^1 \frac{\lambda_t x^2 \left[\frac{2}{3}\zeta - \left(\lambda_t x + \frac{2}{9\lambda_t x} \right) \right]}{\left(\lambda_t x + \frac{2}{9\lambda_t x} \right)\zeta + \frac{2}{3}} dx
$$

$$
= \frac{64(2 - \zeta^2 - 3\zeta^4)}{243\lambda_t^2 \zeta^4 \sqrt{2\zeta^2 - 1}} \left(\arctan \frac{1}{\sqrt{2\zeta^2 - 1}} - \arctan \frac{1 + 3\lambda_t \zeta}{\sqrt{2\zeta^2 - 1}} \right)
$$

$$
+ \frac{32(2 + \zeta^2 - \zeta^4)}{243\lambda_t^2 \zeta^4} \ln \frac{2\zeta + 6\lambda_t + 9\lambda_t^2 \zeta}{2\zeta} + \frac{16[3\lambda_t \zeta - 4 + 3\lambda_t \zeta^3 - (3\lambda_t^2 + 4)\zeta^2]}{81\lambda_t \zeta^3} \tag{5.3}
$$

这就是理想风力机运行在实际流体中的功率系数计算公式。

从式(5.3)可以看出,升力和阻力系数没有单独出现,均包含在升阻比中,这说明风力机功率性能与翼型升力和阻力系数的绝对值大小无关,而与它们的比值紧

密相关。这个结论对翼型设计十分重要，即翼型设计的目标不应是单纯追求最大升力或最小阻力，而应追求最大升阻比。Griffiths 指出，翼型的升阻比对功率系数影响很大[36]，也有文献指出必须使每个断面翼型都能产生最大功率系数[37]。这些定性的结论与本书推导的定量结果是一致的。但是从第 8 章式(8.9)可以看出，升力越大弦长就会越小，对生产成本和安全性有利。

　　可将式(5.3)称为与设计尖速比和升阻比关联的功率系数公式。由于它仅与两个重要参数关联，且小于贝兹极限，因而更具有实用价值，它指出，在给定尖速比和升阻比的情况下设计任何风力机所能达到的功率系数的上限参考值。

　　由于式(5.3)很复杂，为方便使用，可由该式制作出图谱和图表。C_P 随尖速比 λ_t 和 C_P 随升阻比 ζ 变化的图谱，分别如图 5.1 和图 5.2 所示。

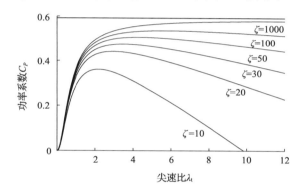

图 5.1　理想风力机功率系数随设计尖速比变化图谱

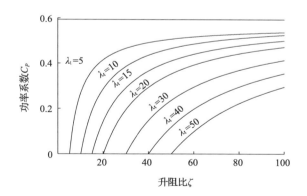

图 5.2　理想风力机功率系数随升阻比变化图谱

　　图 5.1 和图 5.2 中的水平线为贝兹极限(0.593)。这是按稳定运行状态(速度诱导因子为稳定值)计算的理想风力机功率系数曲线图谱，给定升阻比 ζ 和设计尖速比 λ_t 值后，可以查到风力机所能达到的功率系数的参考值。功率系数随设计尖

速比 λ_t 和翼型升阻比 ζ 两个参数变化的三维图如图 5.3 所示。

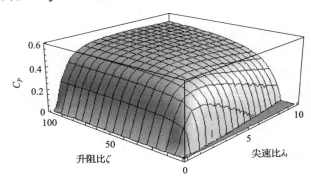

图 5.3　理想风力机功率系数随升阻比和尖速比变化三维图示

从图 5.1～图 5.3 还可以看出,如果尖速比已定,那么功率系数随翼型的升阻比增大而提高。显然提高翼型的升阻比对提高功率系数具有重要作用。

图 5.4 显示了给定升阻比后对应最大功率系数的设计尖速比曲线,该曲线相应点的功率系数可以在表 5.1 中查到。

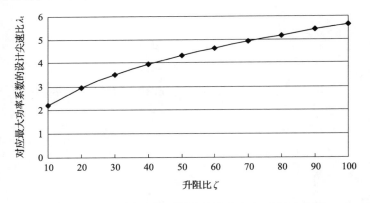

图 5.4　对应最大功率系数的设计尖速比-升阻比曲线

如果翼型的升阻比已定,尖速比不可过高或过低,否则都会损失功率系数。从图 5.4 可以看出,升阻比低于 100 的风力机产生最大功率系数的尖速比不高于 6,而实际风力机尖速比有时会超过 6,这可能是为了减少叶片和齿轮箱的重量和成本,以牺牲少许的功率系数为代价。在实际设计中这种权衡很常见,但只有在理论指导下这种权衡才不致过于盲目。

由式(5.3)可以计算出理想风力机功率系数的理论值,为方便查找、使用和分析,常用范围和具有理论意义的数据已列入表 5.1 中。

表 5.1　理想风力机运行在实际流体中的功率系数理论值

升阻比 ζ	设计尖速比 λ_t										功率系数最大值 C_{Pmax}
	1	2	3	4	5	6	7	8	9	10	
∞	0.368	0.496	0.538	0.557	0.568	0.574	0.578	0.581	0.583	0.585	$0.593(\lambda_t\to\infty)$
1000	0.367	0.494	0.536	0.555	0.565	0.570	0.574	0.576	0.578	0.579	$0.580(\lambda_t\approx13.7)$
900	0.367	0.494	0.536	0.554	0.564	0.570	0.573	0.576	0.577	0.578	$0.579(\lambda_t\approx13.2)$
800	0.367	0.494	0.536	0.554	0.564	0.569	0.573	0.575	0.576	0.577	$0.578(\lambda_t\approx12.6)$
700	0.367	0.494	0.535	0.554	0.563	0.569	0.572	0.574	0.575	0.576	$0.576(\lambda_t\approx12.0)$
600	0.367	0.493	0.535	0.553	0.563	0.568	0.571	0.573	0.574	0.575	$0.575(\lambda_t\approx11.3)$
500	0.366	0.493	0.534	0.552	0.561	0.567	0.570	0.571	0.572	0.573	$0.573(\lambda_t\approx10.5)$
400	0.366	0.492	0.533	0.551	0.560	0.565	0.567	0.569	0.569	0.570	$0.570(\lambda_t\approx9.7)$
300	0.365	0.491	0.532	0.549	0.557	0.562	0.564	0.565	0.565	0.565	$0.565(\lambda_t\approx8.7)$
200	0.364	0.489	0.528	0.545	0.552	0.556	0.557	0.557	0.556	0.555	$0.557(\lambda_t\approx7.4)$
100	0.360	0.482	0.519	0.532	0.537	0.537	0.536	0.533	0.529	0.525	$0.538(\lambda_t\approx5.7)$
90	0.359	0.480	0.516	0.529	0.533	0.533	0.531	0.527	0.523	0.518	$0.534(\lambda_t\approx5.4)$
80	0.358	0.478	0.514	0.526	0.529	0.528	0.525	0.521	0.515	0.510	$0.529(\lambda_t\approx5.2)$
70	0.356	0.476	0.510	0.521	0.524	0.522	0.518	0.512	0.506	0.499	$0.524(\lambda_t\approx4.9)$
60	0.355	0.472	0.506	0.515	0.516	0.513	0.508	0.501	0.493	0.484	$0.517(\lambda_t\approx4.6)$
50	0.352	0.468	0.499	0.507	0.506	0.501	0.493	0.485	0.475	0.465	$0.507(\lambda_t\approx4.3)$
40	0.348	0.461	0.490	0.495	0.491	0.483	0.472	0.461	0.448	0.435	$0.495(\lambda_t\approx3.9)$
30	0.341	0.450	0.474	0.474	0.465	0.452	0.437	0.421	0.403	0.385	$0.475(\lambda_t\approx3.5)$
20	0.328	0.427	0.442	0.433	0.415	0.392	0.367	0.341	0.314	0.286	$0.442(\lambda_t\approx3.0)$
10	0.291	0.361	0.348	0.311	0.265	0.213	0.160	0.104	0.048		$0.362(\lambda_t\approx2.2)$
5	0.222	0.237	0.169	0.076							

现在对实际风力机的最高功率系数进行初步预测。表 5.1 中的最右侧一列是对应最左侧一列的升阻比通过解析计算得到的峰值功率和对应的尖速比。表 5.1 中升阻比低于 100 的功率系数的最大值不超过 0.538，约为贝兹极限的 90%，这还是采用理想叶片结构，并设定翼型升阻比相当大时的结果。由此可见，升阻比低于 100 的实际风力机的功率系数不可能超过 0.538。

与理想风力机不同，除升阻比外，实际风力机至少还要考虑三个问题。一是要考虑有限叶片数造成的功率损失。有限叶片数对功率系数影响的计算过程比较复杂（详见 9.1 节），这里仅给出部分计算结果。对于理想叶片结构，在升阻比为无穷大和升阻比为 100 的情况下，叶尖损失修正后的功率系数变化趋势如图 5.5 所示，图中同时绘出了两种情况下不考虑有限叶片数影响的功率系数曲线，以便比较。

从图 5.5 中的曲线④的趋势来看,在升阻比为 100 时,尖速比只有在 6～10 的范围内,有限叶片风力机的功率系数才有可能微微超过 0.500,如果升阻比下调到 100 以内的实用区,功率损失会更大。

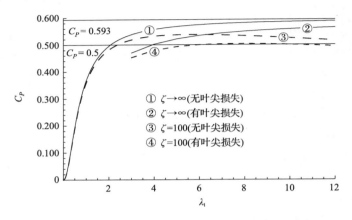

图 5.5　叶尖损失对理想风力机功率系数的影响图示

第二个问题是,理想叶片的结构十分复杂,难以加工制造,实际风力机的叶片必然采用简化结构,这也会进一步降低功率系数。

第三个问题是,理想叶片的翼型不变,所以厚度沿翼展随弦长呈比例变化,实际风力机从叶尖到叶根厚度逐步增大到约弦长的 100%,甚至用多种翼型,厚度的不规则变化对阻力和升阻比影响很大,这还会进一步降低功率系数。

另外,在考虑叶片结构强度[38]、振动[39,40]、气动弹性变形[41,42]和离心刚化[43,44]、噪声[45,46]等问题时都会对叶片形状提出别的要求,这又会进一步降低功率系数。

有限叶片数造成的功率损失是无法避免的;虽然叶片形状理论上可以不简化,但生产过程必定会付出巨大的成本代价;而厚度变化是结构强度、振动等问题要求的。综合以上理论计算和对实际问题的分析,可以认为升阻比低于 100 的实际风力机的功率系数难以超过 0.500,约为贝兹极限的 84%。

第 9 章将详细讨论有限叶片数产生的叶尖损失的计算问题,并将推导实际风力机的最高性能和一般性能的计算公式。

5.2　转矩一般性能

根据式(5.2)和式(4.6),可得与升阻比和尖速比关联的理想风力机的转矩系数计算公式为

$$C_M = \frac{16}{9} \int_0^1 \frac{x^2 \left[\frac{2}{3} \zeta - \left(\lambda_t x + \frac{2}{9\lambda_t x} \right) \right]}{\left(\lambda_t x + \frac{2}{9\lambda_t x} \right) \zeta + \frac{2}{3}} \mathrm{d}x$$

$$= \frac{16(-4 - 4\zeta^2 + 3\zeta\lambda_t + 3\zeta^3\lambda_t - 3\zeta^2\lambda_t^2)}{81\zeta^3\lambda_t^2}$$

$$- \frac{32(-2 - \zeta^2 + \zeta^4)}{243\zeta^4\lambda_t^3} \left[\ln(2\zeta) - \ln(2\zeta + 6\lambda + 9\zeta\lambda_t^2) \right]$$

$$+ \frac{64(-2 + \zeta^2 + 3\zeta^4)}{243\zeta^4\lambda_t^3 \sqrt{-1 + 2\zeta^2}} \left(\operatorname{arccot} \sqrt{-1 + 2\zeta^2} - \arctan \frac{1 + 3\zeta\lambda_t}{\sqrt{-1 + 2\zeta^2}} \right) \quad (5.4)$$

这就是理想风力机运行在实际流体中的转矩系数计算公式。

由于式(5.4)很复杂,为方便使用,可由该式制作出图谱和图表。C_M 随尖速比 λ_t 的变化图谱如图 5.6 所示。

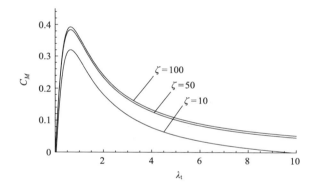

图 5.6　理想风力机转矩系数随设计尖速比变化图谱

由式(5.4)可以计算出理想风力机转矩系数的理论值,为方便查找、使用和分析,常用范围和具有理论意义的数据已列入表 5.2 中。

表 5.2　理想风力机运行在实际流体中的转矩系数理论值

升阻比 ζ	设计尖速比 λ_t									
	1	2	3	4	5	6	7	8	9	10
∞	0.368	0.248	0.179	0.139	0.114	0.096	0.083	0.073	0.065	0.058
1000	0.367	0.247	0.179	0.139	0.113	0.095	0.082	0.072	0.064	0.058
900	0.367	0.247	0.179	0.139	0.113	0.095	0.082	0.072	0.064	0.058
800	0.367	0.247	0.179	0.139	0.113	0.095	0.082	0.072	0.064	0.058
700	0.367	0.247	0.178	0.138	0.113	0.095	0.082	0.072	0.064	0.058
600	0.367	0.247	0.178	0.138	0.113	0.095	0.082	0.072	0.064	0.057

升阻比 ζ	设计尖速比 λ_t									
	1	2	3	4	5	6	7	8	9	10
500	0.366	0.246	0.178	0.138	0.112	0.094	0.081	0.071	0.064	0.057
400	0.366	0.246	0.178	0.138	0.112	0.094	0.081	0.071	0.063	0.057
300	0.365	0.245	0.177	0.137	0.111	0.094	0.081	0.071	0.063	0.056
200	0.364	0.244	0.176	0.136	0.110	0.093	0.080	0.070	0.062	0.055
100	0.360	0.241	0.173	0.133	0.107	0.090	0.077	0.067	0.059	0.052
90	0.359	0.240	0.172	0.132	0.107	0.089	0.076	0.066	0.058	0.052
80	0.358	0.239	0.171	0.131	0.106	0.088	0.075	0.065	0.057	0.051
70	0.356	0.238	0.170	0.130	0.105	0.087	0.074	0.064	0.056	0.050
60	0.355	0.236	0.169	0.129	0.103	0.086	0.073	0.063	0.055	0.048
50	0.352	0.234	0.166	0.127	0.101	0.083	0.070	0.061	0.053	0.046
40	0.348	0.230	0.163	0.124	0.098	0.080	0.067	0.058	0.050	0.044
30	0.341	0.225	0.158	0.118	0.093	0.075	0.062	0.053	0.045	0.039
20	0.328	0.213	0.147	0.108	0.083	0.065	0.052	0.043	0.035	0.029
10	0.291	0.181	0.116	0.078	0.053	0.036	0.023	0.013	0.005	

5.3　升力一般性能

由式(5.2)和式(4.8),可得与升阻比和尖速比关联的理想风力机的升力系数计算公式为

$$
\begin{aligned}
C_F = {} & \frac{16}{9}\int_0^1 \frac{x\left[\frac{2}{3}\zeta - \left(\lambda_t x + \frac{2}{9\lambda_t x}\right)\right]}{\left(\lambda_t x + \frac{2}{9\lambda_t x}\right)\zeta + \frac{2}{3}}\mathrm{d}x \\
= {} & \frac{8(4 + 4\zeta^2 - 3\zeta\lambda_t)}{27\zeta^2\lambda_t} + \frac{32(1 + \zeta^2)}{81\zeta^3\lambda_t^2}\left[\ln(2\zeta) - \ln(2\zeta + 6\lambda_t + 9\zeta\lambda_t^2)\right] \\
& + \frac{64(-1 + \zeta)(1 + \zeta)(1 + \zeta^2)}{81\zeta^3\lambda_t^2\sqrt{-1 + 2\zeta^2}}\left(\arctan\frac{1}{\sqrt{-1 + 2\zeta^2}} - \arctan\frac{1 + 3\zeta\lambda_t}{\sqrt{-1 + 2\zeta^2}}\right)
\end{aligned}
$$

$$(5.5)$$

这就是理想风力机运行在实际流体中的升力系数计算公式。

由于式(5.5)很复杂,为方便使用,可由该式制作出图谱和图表。C_F 随尖速比 λ_t 变化的图谱如图5.7所示。

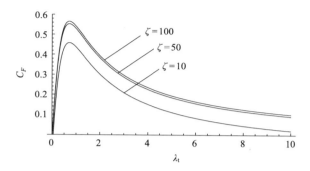

图 5.7　理想风力机升力系数随设计尖速比变化图谱

由式(5.5)可以计算出理想风力机升力系数的理论值,为方便查找、使用和分析,常用范围和具有理论意义的数据已列入表 5.3 中。

表 5.3　理想风力机运行在实际流体中的升力系数理论值

升阻比 ζ	设计尖速比 λₜ									
	1	2	3	4	5	6	7	8	9	10
∞	0.554	0.406	0.307	0.246	0.204	0.174	0.152	0.135	0.121	0.110
1000	0.552	0.404	0.306	0.245	0.203	0.173	0.151	0.134	0.120	0.109
900	0.552	0.404	0.306	0.244	0.203	0.173	0.151	0.134	0.120	0.109
800	0.552	0.404	0.306	0.244	0.203	0.173	0.151	0.134	0.120	0.109
700	0.552	0.404	0.306	0.244	0.203	0.173	0.151	0.134	0.120	0.109
600	0.552	0.404	0.306	0.244	0.202	0.173	0.151	0.133	0.120	0.108
500	0.551	0.403	0.305	0.244	0.202	0.173	0.150	0.133	0.119	0.108
400	0.551	0.403	0.305	0.243	0.202	0.172	0.150	0.133	0.119	0.108
300	0.550	0.402	0.304	0.242	0.201	0.171	0.149	0.132	0.118	0.107
200	0.548	0.400	0.302	0.241	0.199	0.170	0.148	0.130	0.117	0.105
100	0.541	0.395	0.297	0.236	0.195	0.165	0.143	0.126	0.112	0.101
90	0.540	0.394	0.296	0.235	0.194	0.164	0.142	0.125	0.111	0.100
80	0.538	0.392	0.295	0.233	0.192	0.163	0.141	0.124	0.110	0.099
70	0.536	0.390	0.293	0.232	0.191	0.161	0.139	0.122	0.108	0.097
60	0.533	0.388	0.290	0.229	0.188	0.159	0.137	0.120	0.106	0.095
50	0.529	0.384	0.287	0.226	0.185	0.156	0.134	0.117	0.103	0.092
40	0.523	0.379	0.282	0.221	0.180	0.151	0.129	0.112	0.098	0.087
30	0.513	0.370	0.274	0.213	0.173	0.143	0.122	0.105	0.091	0.080
20	0.494	0.352	0.258	0.198	0.157	0.128	0.106	0.089	0.076	0.065
10	0.437	0.302	0.210	0.151	0.111	0.083	0.061	0.045	0.031	0.020

5.4　推力一般性能

由式(4.10)可以看出,理想风力机运行在实际流体中的推力系数理论值为8/9,与尖速比和升阻比无关。考虑有限叶片数(产生叶尖损失)影响的推力性能,参见第9章。

5.5　本章小结

设想理想风力机运行在实际流体环境,其升阻比不再是无穷大而是有限值,此运行环境又向实际环境接近了一步。本章对该状态进行了研究,将理想叶片的弦长公式代入叶素性能解析表达式进行积分后,推导出风力机的功率、转矩、升力和推力系数一般性能计算公式。研究表明,理想风力机功率、转矩、升力性能与翼型升力和阻力系数的绝对值大小无关,而与它们的比值紧密相关。研究还表明,理想风力机的性能仅与升阻比和尖速比这两个参数关联,与其他任何因素都无关。

第6章 平板翼型风力机及其性能

平板可视为弯度和厚度均接近于 0 的翼型,是最简单的翼型。由平板翼型组成的风力机也是最简单的风力机。对平板翼型风力机及其性能的研究可以视为对理想风力机一般性能深化研究的一个具体的实施例。

本章将系统地研究平板翼型在大、小攻角状态下的升力和阻力特性及关系,推导平板翼型风力机在理想流体环境和实际流体环境中的各种性能。另外在一些特殊场合,可将风力机叶片翼型简化成平板翼型进行分析计算,本章将给出一些分析和计算示例。

6.1 平板翼型及性能估算

在工程中,为减小阻力通常采用流线翼型,一般不用平板翼型。但是流线形状的翼型比较复杂,给计算带来了巨大的麻烦。另外对于实际流体,流线翼型的绕流升力和阻力与理想流体是不同的,特别是阻力与黏性和流态密切相关,解析计算十分困难,需要长时间探索才能解决。平板翼型虽然很少在实际工作中出现,但平板结构简单的特点更方便解析计算。如果平板翼型的绕流升力和阻力公式能够得到,那么在研究风力机的性能时,就可以利用平板绕流规律去近似地探讨实际翼型绕流的大致趋势,便于分析问题。用平板代替流线翼型,实际上是抓主要矛盾,暂时忽略次要矛盾,获得对复杂问题的认识。

6.1.1 小攻角绕流升力简介

平板翼型小攻角绕流不产生脱体分离,不论对理想流体还是有黏性的实际流体都会产生升力。

众多文献给出了升力的推导过程,结果与攻角 α 有关,在小攻角情况下升力系数约为 $2\pi\sin\alpha$,可称之为经典升力系数公式。经典理论较典型的推导过程如下[47]。

坐标系如图 6.1 所示,这里设平板弦长为 C,水平平板受到与之呈 α 角的来流作用力。

在 $z(x,y)$ 平面,设无穷远处的速度为 U,则平板附近的流速为

$$u = U\cos\alpha + iU\sin\alpha \tag{6.1}$$

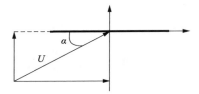

图 6.1　平板小攻角绕流升力计算

绕平板有环流流动的复势为

$$w = zU\cos\alpha - \mathrm{i}U\sin\alpha\sqrt{z^2 - \left(\frac{C}{2}\right)^2} + \mathrm{i}\frac{\Gamma}{2\pi}\ln\left[z + \sqrt{z^2 - \left(\frac{C}{2}\right)^2}\right] \quad (6.2)$$

该环流流动的复速度为

$$\bar{v} = \frac{\mathrm{d}w}{\mathrm{d}z} = U\cos\alpha - \mathrm{i}\frac{zU\sin\alpha}{\sqrt{z^2 - \left(\frac{C}{2}\right)^2}} + \mathrm{i}\frac{\Gamma}{2\pi}\frac{1}{\sqrt{z^2 - \left(\frac{C}{2}\right)^2}}$$

$$= U\cos\alpha - \mathrm{i}\frac{2\pi zU\sin\alpha - \Gamma}{2\pi\sqrt{z^2 - \left(\frac{C}{2}\right)^2}} \quad (6.3)$$

式中，C 为平板弦长；Γ 为环量。为保证该式有意义，在平板的后缘点附近，应遵守库塔-茹科夫斯基条件，即流速为有限值，所以必须令分子为 0，即

$$2\pi zU\sin\alpha - \Gamma \mid_{z=\frac{C}{2}} = 0 \quad (6.4)$$

所以

$$\Gamma = \pi CU\sin\alpha \quad (6.5)$$

升力系数为

$$C_L = \frac{\rho U\Gamma}{\frac{1}{2}\rho U^2 \cdot C} = 2\pi\sin\alpha \quad (6.6)$$

对于有黏性的实际流体，小攻角的升力系数比此值略小一些。

6.1.2　大攻角绕流公式探讨

理想流体对流场中的平板不产生阻力，这称为达朗贝尔佯谬。与理想流体不同，黏性流体对大攻角平板会产生压力。在不考虑环量影响的情况下，压力的大小等于平板迎流侧和背压侧的压力差，总压力的方向与平板垂直，用符号 N 表示。总压力可以分解为水平分量（阻力分量）N_D 和垂直分量（升力分量）N_L，如图 6.2

所示。

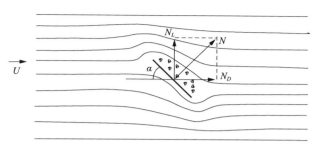

图 6.2 平板翼型大攻角绕流的流动图形

设 C 为平板弦长,显然流体对平板的总压力 $N(\alpha)$ 与平板的相对迎流面积 $(C\sin\alpha/C)$ 正相关,相对迎流面积越大,压力就越大,反之就越小[48]。假定总压力与相对迎流面积之间存在如下的函数关系:

$$N(\alpha) = a\left(\frac{C\sin\alpha}{C}\right)^b = a\sin^b\alpha \tag{6.7}$$

当 $\alpha = \pi/2$ 时

$$N\left(\frac{\pi}{2}\right) = a\sin^b\frac{\pi}{2} = a \tag{6.8}$$

已有多项实验数据表明,当攻角为 $\pi/2$、雷诺数为 $10^4 \sim 10^6$ 时,垂直于流动方向的二维平板的压差阻力系数 $C_{\pi/2}$ 为 1.98[49,50]、2.01[51] 或 2.06[52],不同的结果可能与实验的误差有关,为简化阻力系数的表达,取 $C_{\pi/2}$ 为 2,则作用在垂直平板上的压差阻力为

$$N\left(\frac{\pi}{2}\right) = C_{\pi/2} \cdot \frac{1}{2}\rho U^2 C = \rho U^2 C \tag{6.9}$$

与式(6.8)比较,得

$$a = \rho U^2 C \tag{6.10}$$

对于给定的来流流场和平板弦长,显然 a 为常数。将之代入式(6.7)中,则总压力为

$$N(\alpha) = \rho U^2 C \sin^b\alpha \tag{6.11}$$

总压力系数为

$$C_N = \frac{N(\alpha)}{\frac{1}{2}\rho U^2 C} = 2\sin^b\alpha \tag{6.12}$$

现在的问题集中到确定系数 b。首先证明系数 b 只能为奇数。总压力的升力分量为

$$N_L(\alpha) = N(\alpha)\cos\alpha = \rho U^2 C \sin^b\alpha\cos\alpha \qquad (6.13)$$

升力分量系数为

$$C_{NL}(\alpha) = 2\sin^b\alpha\cos\alpha \qquad (6.14)$$

由于平板的对称性,当攻角处于 α 和 $-\alpha$ 的两种状态时,升力分量系数的大小必定相等但方向相反,可用公式表示为

$$C_{NL}(\alpha) = -C_{NL}(-\alpha) \qquad (6.15)$$

或

$$\sin^b\alpha\cos\alpha = -\sin^b(-\alpha)\cos(-\alpha) \qquad (6.16)$$

即

$$\sin^b\alpha\cos\alpha = -(-1)^b\sin^b\alpha\cos\alpha \qquad (6.17)$$

为使该式成立,显然系数 b 只能为奇数(前面已假定 b 不为负数),即 b 的取值只能是 $1,3,5,\cdots$ 的形式。

现在探讨 b 值变化对升力和阻力系数的影响趋势。总压力的阻力分量为

$$N_D = N\sin\alpha = \rho U^2 C \sin^{b+1}\alpha \qquad (6.18)$$

阻力分量系数为

$$C_{ND}(\alpha) = 2\sin^{b+1}\alpha \qquad (6.19)$$

当 $b=1,3,5$ 时,对应的升力和阻力系数曲线如图 6.3 所示。

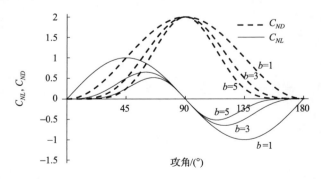

图 6.3 不同系数 b 下大攻角绕流升力和阻力分量系数随攻角的变化曲线

由图 6.3 可见,不论 b 为何值,阻力分量系数的最大值均为 2,且发生在平板

与来流垂直时。在不为 0 的任意攻角,升力分量系数的绝对值随 b 值的增大而减小。对升力分量系数求导并令其为 0,有

$$\frac{\partial C_{NL}(\alpha)}{\partial \alpha} = b\cos^2\alpha\sin^{b-1}\alpha - \sin^{b+1}\alpha = 0 \tag{6.20}$$

可以得到在 $[0°, 90°]$ 范围内取极值时的攻角为

$$\alpha_f = \text{arccot}\frac{1}{\sqrt{b}} \tag{6.21}$$

此时升力分量系数最大值为

$$C_{NL\max}(\alpha) = 2\sin^b\alpha_f\cos\alpha_f = \frac{2\sqrt{b^b}}{\sqrt{(1+b)^{b+1}}} \tag{6.22}$$

表 6.1 给出了系数 b 取 1～9 的奇数值时的升力分量系数最大值及对应的攻角。

表 6.1　升力系数最大值及对应攻角随系数 b 的变化

系数 b	升力分量系数最大值 $C_{NL\max}$	升力分量系数取最大值时的攻角 $\alpha_f/(°)$
1	1	45
3	0.650	60
5	0.518	65.9
7	0.443	69.3
9	0.394	71.6

从表 6.1 可以看出,升力分量系数最大值发生在 $b=1$ 且攻角为 45°时,此时升力和阻力系数均为 1。显然 $b=1$ 是一个很特殊的常数,需要重点考察与实验结果的符合情况。首先考察当 $b=1$ 时的情况,由式(6.12)、式(6.14)和式(6.19)得绕流总压力及其升力和阻力分量系数表达式分别为

$$C_N = 2\sin\alpha \tag{6.23}$$

$$C_{NL} = \sin 2\alpha \tag{6.24}$$

$$C_{ND} = 2\sin^2\alpha \tag{6.25}$$

根据上述公式,可绘出平板翼型攻角为 0°～180°时总压力的升力和阻力系数理论曲线(图 6.4)。

中国航空工业空气动力研究院对风力机二维翼型进行过大攻角实验[53]。实验采用 NACA 0015 对称翼型,雷诺数为 $0.5×10^6$。实验测试数据曲线绘制于图 6.5 中,图中同时绘出了利用式(6.24)和式(6.25)计算的理论值曲线。

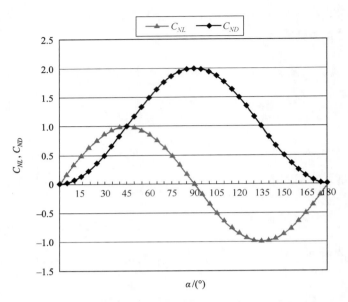

图 6.4　平板翼型 0°～180°绕流升力和阻力分量系数曲线

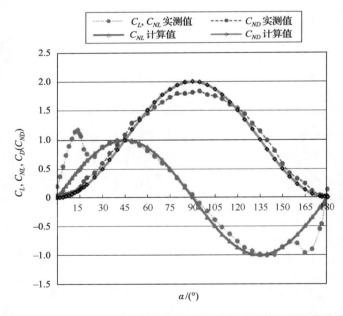

图 6.5　NACA 0015 对称翼型升力、阻力系数实测值与计算值曲线

　　图 6.6 为美国圣地亚国家实验室(Sandia National Lab)对 NACA 0012 对称翼型在雷诺数为 0.5×10^6 的测量数据[54]以及式(6.24)和式(6.25)理论值的比较

曲线。

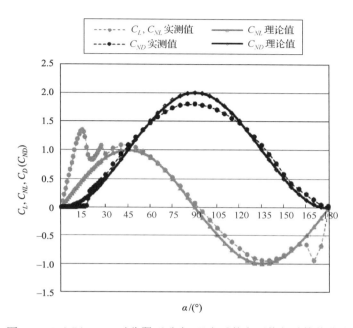

图 6.6 NACA 0012 对称翼型升力、阻力系数实测值与计算值曲线

从图 6.5 和图 6.6 的实验数据可以看出,大攻角范围内对称翼型升力分量系数的实测最大值在 1 附近,与 $b=1$ 时的计算值接近。从表 6.1 可以看出,当 $b \geqslant 3$ 时,$C_{NLmax} \leqslant 0.65$,与实验结果相差太远,被实验结果否定,说明系数 b 只能为 1。由此可以确定式(6.23)～式(6.25)分别是平板大攻角绕流总压力及其升力和阻力分量系数表达式。

大攻角状态下计算值与实测值产生误差的主要原因是:①实验用的翼型与平板翼型是有差别的,前后不对称和厚度不均匀是误差产生的重要原因。②阻力系数曲线在攻角为 90°附近时计算值比实测值高,原因是翼型前缘与平板形状不同,流线型结构延迟了流动的分离从而减小了阻力。本书的公式正是基于垂直平板阻力系数公式,因此,如果用平板进行实验,此处不会产生明显的误差。

升力分量系数公式曲线不能与小攻角升力系数曲线进行比较,因为在小攻角状态下环量起主导作用。大攻角状态下环量存在的条件被破坏,黏性引起的压差力起主导作用,升力和阻力仅是压差力的分量。但是从图 6.5 和图 6.6 可以看出,升力分量可以作为失速区的最小升力,这是因为总压力在失速区也存在,在环量升力不起主导作用的情况下压差力分量将支撑升力。另外,从图 6.5 和图 6.6 还可以看出,阻力分量系数在小攻角状态下与实验数据也比较接近,特别是在 180°攻角附近,此时翼型后缘在前端,而后缘的形状比前缘形状更接近于平板。需要注意的是,压差力的阻力分量是形状阻力,在小攻角状态下还必须考虑摩擦阻力,所以不能把阻力分量公式直接用于小攻角阻力计算。

式(6.23)~式(6.25)是根据实验结果,通过分析、推导得到的近似公式,可用于平板翼型大攻角绕流压力及其升力和阻力分量的近似计算,也可用于对称翼型绕流的初步估算,适用雷诺数为 $10^4 \sim 10^6$ 的范围。虽然得到的是近似公式,但可将大攻角绕流的众多实验数据用一组简单的解析公式表达,方便对风力机等流体机械功率、推力、转矩等性能的分析和初步估算,可节省大量时间。从图 6.5 和图 6.6 可以看出,本书公式给出的阻力系数与实验数据吻合较好;总压力升力分量系数在大攻角情况下能较好地趋近实测数据。

在公式推导过程中应用了不可压缩定常流动二维垂直平板的压差阻力公式,因此,总压力及其分量公式的适用范围为:①流体是不可压缩的;②二维定常流动;③黏性起主导作用(包括产生脱体流动);④雷诺数为 $10^4 \sim 10^6$。

6.1.3　小攻角绕流阻力系数

根据流动的实际情况,这里对平板小攻角的阻力系数进行研究。式(6.25)反映了由攻角变化引起的总压力阻力分量的变化规律,该分量与平板的攻角有关,从而与平板在流场中的形状有关,因此可称之为形状阻力。式(6.25)没有反映边界层内作用于平板表面的摩擦阻力。当攻角为 0 时,形状阻力为 0,但总阻力(形状阻力+摩擦阻力)不可能为 0,需要考虑摩擦阻力。实际上在流动分离前的小攻角状态,摩擦阻力始终存在,小攻角范围内其值变化较小,可以认为是常量,用 $2C_f$ 表示零攻角摩擦阻力系数,用 C_D 表示总阻力系数,这样,小攻角范围内的总阻力系数为

$$C_D = 2C_f + 2\sin^2\alpha \tag{6.26}$$

零攻角摩擦阻力系数 $2C_f$ 可以根据层流或湍流状态由边界层理论计算得到。$2C_f$ 的绝对数值很小,一般为 0.003~0.05,从图像上难以直接观察到。虽然量值很小,但它与小攻角状态下的形状阻力相当,是影响翼型升阻比的重要因素,不应忽略。流动分离后随攻角增大,摩擦阻力相对减小,形状阻力迅速增大,两者比值很小,摩擦阻力可以忽略不计,因此,式(6.25)在大攻角状态下不必修正。

6.1.4　升力和阻力的函数关系

升力和阻力都是攻角的函数,因此,攻角可视为参变量,消除攻角后可以得到平板升力和阻力的函数关系[55]。

1. 小攻角绕流升力和阻力的关系

由小攻角升力和阻力系数公式(6.6)和式(6.25),消除攻角后,得

$$C_D = 2C_f + 2\sin^2\alpha = 2C_f + 2\left(\frac{C_L}{2\pi}\right)^2 \tag{6.27}$$

该式还可以表示为

$$C_L^2 = 2\pi^2(C_D - 2C_f) \tag{6.28}$$

该式说明在小攻角状态,升力和阻力系数曲线是抛物线,顶点在$(2C_f, 0)$,焦点在$(\pi^2/2, 0)$。曲线形状如图 6.7 所示。

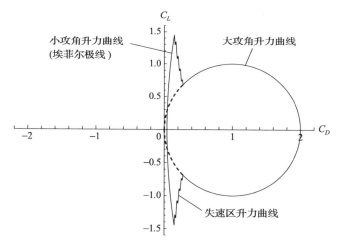

图 6.7　全攻角绕流升力和阻力系数的关系图示

升力和阻力曲线通常称为埃菲尔极线,过原点的直线与埃菲尔极线相切的切点处升力和阻力的比值最大,相应的攻角可证明为最佳攻角(参见 3.2 节)。

2. 大攻角绕流升力和阻力的关系

由大攻角升力和阻力系数公式(6.24)和式(6.25),消除攻角后,得

$$C_{NL}^2 = \sin^2 2\alpha = 4\sin^2\alpha(1 - \sin^2\alpha)$$
$$= 2C_{ND}(1 - C_{ND}/2) = C_{ND}(2 - C_{ND}) \tag{6.29}$$

该式还可以表示为

$$C_{NL}^2 + (C_{ND} - 1)^2 = 1 \tag{6.30}$$

该式说明在大攻角状态,升力和阻力曲线是圆心在$(1,0)$点、半径等于 1 的圆。

大、小攻角状态,以阻力系数为横坐标的升力系数曲线形状如图 6.7 所示。

6.1.5 升力和阻力的变化规律

根据分析和推导的结果,现将平板绕流升力和阻力分量的变化规律总结如下。

（1）在不考虑环量影响的情况下,因黏性的作用,总压力水平分量主导了小攻角以外的阻力,它的垂直分量主导了小攻角以外的升力。

（2）在大、小攻角的过渡区环量升力激烈波动,但总升力被压力的升力分量支撑,不会降低到 0。升力分量是任意攻角总升力的最小值。

（3）平板全攻角绕流压力、升力和阻力系数可由表 6.2 给出的无量纲公式估算。

由于零攻角摩擦阻力系数 $2C_f$ 是常量,并且容易测得,这样全部升、阻力系数就具有了确定的表达式,这十分有利于进行微分、积分运算。这套公式为研究风力机等叶片式流体机械的转矩、功率和升力等宏观性能的趋势提供了有力的分析手段。

表 6.2 全攻角绕流压力、升力和阻力系数计算公式

公式	适用范围	流动特征
$C_L = 2\pi\sin\alpha$	小攻角升力估算	流动未脱体,升力由环量主导
$C_{NL} = \sin 2\alpha$	大攻角升力估算	流动脱体,升力是总压力的垂直分量
$C_{L\max} = 2\pi\sin\alpha$ $C_{L\min} = \sin 2\alpha$	失速区升力估算	流动开始脱体到完全脱体的失速区,升力波动剧烈
$C_D = 2C_f + 2\sin^2\alpha$	小攻角阻力估算	流动未脱体,摩擦阻力与形状阻力量级相当
$C_{ND} = 2\sin^2\alpha$	大攻角阻力估算	流动脱体,阻力是总压力的水平分量
$C_{D\max} = 2C_f + 2\sin^2\alpha$ $C_{D\min} = 2\sin^2\alpha$	失速区阻力估算	流动开始脱体到完全脱体过程,阻力渐增,波动甚微

6.1.6 平板翼型升阻比

由式(6.6)和式(6.27)得小攻角状态平板翼型升阻比为

$$\zeta = \frac{C_L(\alpha)}{C_D(\alpha)} = \frac{2\pi\sin\alpha}{2C_f + 2\sin^2\alpha} \tag{6.31}$$

由此可绘出平板翼型升阻比 ζ 与攻角 α 之间的关系曲线,如图 6.8 所示。

当 $C_f = 0.01$ 时,最佳攻角的升阻比约为 15.71。

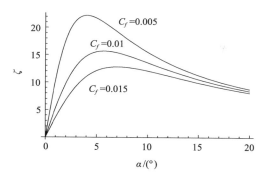

图 6.8　平板翼型升阻比与攻角之间的关系

6.2　平板翼型理想叶片的结构

6.2.1　最佳攻角

最佳攻角就是使叶素升阻比最大的攻角。设计工况叶片运行在小攻角状态，将平板小攻角升力系数和阻力系数公式(6.6)和式(6.27)代入式(3.10)，得

$$\frac{2\pi \sin\alpha}{2C_f + 2\sin^2\alpha} = \frac{2\pi \cos\alpha}{4\sin\alpha\cos\alpha} \tag{6.32}$$

解得

$$\sin\alpha_b = \sqrt{C_f} \ 或 \ \alpha_b = \arcsin\sqrt{C_f} \tag{6.33}$$

这就是平板翼型最佳攻角公式。由此得到一个重要的结论：平板翼型最佳攻角的正弦值等于叶片零攻角状态下摩擦阻力系数 $1/2$ 的平方根。由此可得平板翼型最佳攻角随摩擦阻力系数的变化规律，如图 6.9 所示。

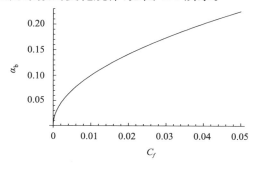

图 6.9　平板翼型最佳攻角与摩擦阻力系数之间的关系

由此还可以得到叶素处于最佳攻角时的升力系数和阻力系数公式为

$$C_L(\alpha_b) = 2\pi\sin\alpha_b = 2\pi\sqrt{C_f} \tag{6.34}$$

$$C_D(\alpha_b) = 2C_f + 2\sin^2\alpha_b = 4C_f \tag{6.35}$$

6.2.2　理想扭角

由于扭角和攻角之和等于入流角,所以满足最佳攻角的扭角就是理想扭角。对于平板翼型,根据式(3.13)和式(6.33),理想扭角的具体表达式为

$$\beta = \arctan\frac{6\lambda_t(r/R)}{9\lambda_t^2(r/R)^2 + 2} - \arcsin\sqrt{C_f} \tag{6.36}$$

从式(6.36)可以看出,平板翼型的理想扭角由尖速比和摩擦阻力系数确定,扭角与摩擦阻力系数关系极为密切。这说明随时间推移,叶片光洁度逐步变小,摩擦阻力系数逐渐增大,理想扭角就会发生变化,这种情况应当在设计时就考虑。

6.2.3　理想弦长

将式(6.34)和式(6.35)代入式(3.18),得平板叶片的理想弦长为

$$\frac{C}{R} = \frac{8\pi}{9B}\frac{x}{\left[\pi\sqrt{C_f}\left(\lambda_t x + \dfrac{2}{9\lambda_t x}\right) + \dfrac{4}{3}C_f\right]\sqrt{\left(\lambda_t x + \dfrac{2}{9\lambda_t x}\right)^2 + \left(\dfrac{2}{3}\right)^2}} \tag{6.37}$$

令叶片数 $B=3$,$C_f=0.01$,由式(6.37)表示的平板翼型理想弦长曲线图形如图 6.10 所示。

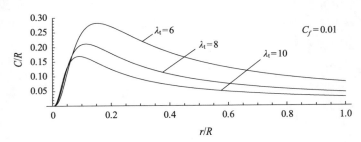

图 6.10　平板翼型理想弦长曲线图形

6.3　平板翼型风力机的性能

前面推导的式(2.8)～式(2.17)对所有翼型都适用。然而由于翼型的差别,升力和阻力系数具有不同的表达形式。这里给出最简单的平板翼型叶片(即零弯度零厚度翼型叶片)设计工况气动性能更具体的公式。

设计工况叶片运行在小攻角状态,在理论上平板小攻角升力系数已由式(6.6)给出,即

$$C_L = 2\pi\sin\alpha \tag{6.38}$$

式(6.26)给出了平板小攻角阻力系数

$$C_D = 2C_f + 2\sin^2\alpha \tag{6.39}$$

式中,$2C_f$ 为叶片零攻角状态下的摩擦阻力系数,小攻角摩擦阻力系数变化很小,可以认为是常数。式中等号右侧第 2 项是平板的形状阻力系数。

将平板升力和阻力系数公式(6.38)和式(6.39)分别代入式(2.10)～式(2.13),得到平板翼型叶片的叶素性能公式,即

$$dT = \frac{1}{2}\rho U^2 C\left[2\pi\left(\lambda + \frac{2}{9\lambda}\right)\sin\alpha + \frac{4}{3}\left(C_f + \sin^2\alpha\right)\right]\sqrt{\left(\lambda + \frac{2}{9\lambda}\right)^2 + \left(\frac{2}{3}\right)^2}\,dr \tag{6.40}$$

$$dF = \frac{1}{2}\rho U^2 C\left[\frac{4}{3}\pi\sin\alpha - 2\left(C_f + \sin^2\alpha\right)\left(\lambda + \frac{2}{9\lambda}\right)\right]\sqrt{\left(\lambda + \frac{2}{9\lambda}\right)^2 + \left(\frac{2}{3}\right)^2}\,dr \tag{6.41}$$

$$dM = \frac{1}{2}\rho U^2 C\left[\frac{4}{3}\pi\sin\alpha - 2\left(C_f + \sin^2\alpha\right)\left(\lambda + \frac{2}{9\lambda}\right)\right]\sqrt{\left(\lambda + \frac{2}{9\lambda}\right)^2 + \left(\frac{2}{3}\right)^2}\,r\,dr \tag{6.42}$$

$$dP = \frac{1}{2}\rho U^3 C\lambda\left[\frac{4}{3}\pi\sin\alpha - 2\left(C_f + \sin^2\alpha\right)\left(\lambda + \frac{2}{9\lambda}\right)\right]\sqrt{\left(\lambda + \frac{2}{9\lambda}\right)^2 + \left(\frac{2}{3}\right)^2}\,dr \tag{6.43}$$

与前面的推导过程相似,通过对叶素性能公式进行积分,可以得到由 B 个平板翼型叶片组成的风力机的性能,即

$$C_T = \frac{B}{\pi}\int_0^1\left(\frac{C}{R}\right)\left[2\pi\left(\lambda_t x + \frac{2}{9\lambda_t x}\right)\sin\alpha + \frac{4}{3}\left(C_f + \sin^2\alpha\right)\right]\sqrt{\left(\lambda + \frac{2}{9\lambda_t x}\right)^2 + \left(\frac{2}{3}\right)^2}\,dx \tag{6.44}$$

$$C_F = \frac{B}{\pi}\int_0^1 \left(\frac{C}{R}\right)\left[\frac{4}{3}\pi\sin\alpha - 2(C_f + \sin^2\alpha)\left(\lambda_t x + \frac{2}{9\lambda_t x}\right)\right]\sqrt{\left(\lambda_t x + \frac{2}{9\lambda_t x}\right)^2 + \left(\frac{2}{3}\right)^2}\,dx$$

$$(6.45)$$

$$C_M = \frac{B}{\pi}\int_0^1 x\left(\frac{C}{R}\right)\left[\frac{4}{3}\pi\sin\alpha - 2(C_f + \sin^2\alpha)\left(\lambda_t x + \frac{2}{9\lambda_t x}\right)\right]\sqrt{\left(\lambda_t x + \frac{2}{9\lambda_t x}\right)^2 + \left(\frac{2}{3}\right)^2}\,dx$$

$$(6.46)$$

$$C_P = \frac{B}{\pi}\int_0^1 \lambda_t x\left(\frac{C}{R}\right)\left[\frac{4}{3}\pi\sin\alpha - 2(C_f + \sin^2\alpha)\left(\lambda_t x + \frac{2}{9\lambda_t x}\right)\right]\sqrt{\left(\lambda_t x + \frac{2}{9\lambda_t x}\right)^2 + \left(\frac{2}{3}\right)^2}\,dx$$

$$(6.47)$$

在推导速度诱导因子公式(2.2)的过程中利用了动量定理,因此,上述所有公式受动量定理约束,也就是弦长和扭角必须匹配,否则计算结果可能不是最佳运行状态的结果(以弦长为基准调整扭角的示例可参见 10.4 节)。

6.3.1　功率性能

由式(6.34)和式(6.35),平板翼型最佳攻角的升力和阻力系数分别为

$$C_L(\alpha_b) = 2\pi\sin\alpha_b = 2\pi\sqrt{C_f} \tag{6.48}$$

$$C_D(\alpha_b) = 2C_f + 2\sin^2\alpha_b = 4C_f \tag{6.49}$$

代入式(4.1),可得到平板翼型最佳工况功率系数随设计尖速比和摩擦系数的变化公式为

$$\begin{aligned}
C_P &= \frac{16}{9}\int_0^1 \frac{\lambda_t x^2\left[\frac{2}{3}C_L(\alpha_b) - \left(\lambda_t x + \frac{2}{9\lambda_t x}\right)C_D(\alpha_b)\right]}{\left(\lambda_t x + \frac{2}{9\lambda_t x}\right)C_L(\alpha_b) + \frac{2}{3}C_D(\alpha_b)}\,dx \\
&= \frac{16}{9}\int_0^1 \frac{\lambda_t x^2\left[\frac{2}{3}\cdot 2\pi\sqrt{C_f} - \left(\lambda_t x + \frac{2}{9\lambda_t x}\right)\cdot 4C_f\right]}{\left(\lambda_t x + \frac{2}{9\lambda_t x}\right)\cdot 2\pi\sqrt{C_f} + \frac{2}{3}\cdot 4C_f}\,dx \\
&= \frac{64\sqrt{2C_f}\,(32C_f^2 - 4\pi^2 C_f - 3\pi^4)}{243\pi^4\lambda_t^2\sqrt{\pi^2 - 2C_f}}\left(\arctan\frac{\sqrt{2C_f}}{\sqrt{\pi^2 - 2C_f}} - \arctan\frac{2\sqrt{C_f} + 3\pi\lambda_t}{\sqrt{2\pi^2 - 4C_f}}\right) \\
&\quad + \frac{16}{243\pi^4\lambda_t^2}\left[\pi^4(9\lambda_t^2 + 2\ln 2\pi) - 96\pi\lambda_t C_f^{3/2} - 6\pi^3\lambda_t\sqrt{C_f}(4 + 3\lambda_t^2) - 64C_f^2\ln 2\pi\right] \\
&\quad + \frac{16}{243\pi^4\lambda_t^2}\left[4\pi^2 C_f(9\lambda^2 - 2\ln 2\pi) + (64C_f^2 + 8\pi^2 C_f - 2\pi^4)\right. \\
&\quad \left.\cdot \ln(2\pi + 12\lambda_t\sqrt{C_f} + 9\pi\lambda_t^2)\right]
\end{aligned}$$

$$(6.50)$$

由式(6.50)可以绘出 C_P 随 λ_t 和 C_P 随 C_f 变化的曲线,分别如图 6.11 和

图 6.12 所示。

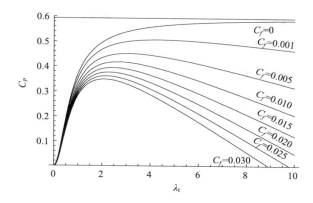

图 6.11　平板翼型理想风力机对应不同尖速比的功率系数曲线

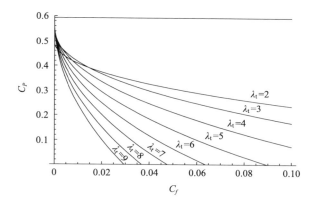

图 6.12　平板翼型理想风力机对应不同摩擦阻力系数的功率系数曲线

图 6.11 和图 6.12 中的水平线为贝兹极限(0.593)。这是按稳定运行状态(速度诱导因子为稳定值)计算的理想风力机功率系数曲线,给定 C_f 和 λ_t 后可以找到任何平板翼型理想风力机所能达到的最大功率系数值。

根据式(6.50),当 C_f 趋近于无穷小时,存在功率系数随尖速比变化的最大值,即

$$C_{P\max} = \lim_{C_f \to 0} C_P = \frac{16}{243\lambda_t^2}\big[9\lambda_t^2 - 2\ln(9\lambda_t^2 + 2) + 2\ln 2\big] \qquad (6.51)$$

该式与前面推导的普通翼型功率系数的关联极限公式(4.3)完全相同,再次证明当阻力为 0 时,尖速比关联极限公式与翼型无关,是任何翼型风力机的极限公式。

6.3.2　转矩性能

将平板翼型最佳攻角对应的升力和阻力系数公式(6.48)和式(6.49)代入式(4.6)，得转矩系数为

$$
\begin{aligned}
C_M =& \frac{16}{9}\int_0^1 \frac{x^2\left[\frac{2}{3}C_L(\alpha_{\mathrm{b}})-\left(\lambda_{\mathrm{t}}x+\frac{2}{9\lambda_{\mathrm{t}}x}\right)C_D(\alpha_{\mathrm{b}})\right]}{\left(\lambda_{\mathrm{t}}x+\frac{2}{9\lambda_{\mathrm{t}}x}\right)C_L(\alpha_{\mathrm{b}})+\frac{2}{3}C_D(\alpha_{\mathrm{b}})}\mathrm{d}x \\
=& \frac{16}{9}\int_0^1 \frac{x^2\left[\frac{2}{3}\cdot 2\pi\sqrt{C_f}-\left(\lambda_{\mathrm{t}}x+\frac{2}{9\lambda_{\mathrm{t}}x}\right)\cdot 4C_f\right]}{\left(\lambda_{\mathrm{t}}x+\frac{2}{9\lambda_{\mathrm{t}}x}\right)\cdot 2\pi\sqrt{C_f}+\frac{2}{3}\cdot 4C_f}\mathrm{d}x \\
=& \frac{64\sqrt{2C_f}(32C_f^2-4\pi^2C_f-3\pi^4)}{243\pi^4\lambda_{\mathrm{t}}^3\sqrt{\pi^2-2C_f}}\left(\arctan\frac{\sqrt{2C_f}}{\sqrt{\pi^2-2C_f}}-\arctan\frac{2\sqrt{C_f}+3\pi\lambda_{\mathrm{t}}}{\sqrt{2\pi^2-4C_f}}\right) \\
&+\frac{16}{243\pi^3\lambda_{\mathrm{t}}^3}\left[-96C_f^{3/2}\lambda_{\mathrm{t}}+36\pi C_f\lambda_{\mathrm{t}}^2-6\pi^2\sqrt{C_f}\lambda_{\mathrm{t}}(4+3\lambda_{\mathrm{t}}^2)+\pi^3(9\lambda_{\mathrm{t}}^2+2\ln2\pi)\right] \\
&+\frac{32(8C_f+\pi^2)}{243\pi^4\lambda_{\mathrm{t}}^3}\left[4C_f\ln2\pi-(4C_f+\pi^2)\ln(9\pi\lambda_{\mathrm{t}}^2+12\sqrt{C_f}+2\pi)\right]
\end{aligned}
$$

$$(6.52)$$

图 6.13 给出了转矩系数随尖速比的变化趋势。

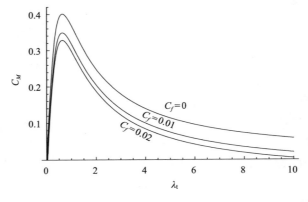

图 6.13　平板翼型理想风力机转矩系数随尖速比的变化曲线

从图中可以看出，阻力和设计尖速比对转矩影响很大，对高速风力机，阻力和尖速比增大，转矩迅速减小。

根据式(6.52)，当 C_f 趋近于无穷小时，存在转矩系数随尖速比变化的最大值

$$C_{Mmax} = \lim_{C_f \to 0} C_M = \frac{16}{243\lambda_t^3}\left[9\lambda_t^2 - 2\ln(9\lambda_t^2 + 2) + 2\ln 2\right] \tag{6.53}$$

该式与前面推导的理想风力机转矩系数的关联极限公式(4.7)完全相同,证明当阻力为 0 时,尖速比关联极限公式与翼型无关,是任何翼型风力机的极限公式。

6.3.3　升力性能

现在考察平板翼型风力机升力系数变化趋势。将平板翼型最佳攻角对应的升力和阻力系数公式(6.48)和式(6.49)代入式(4.8),得理想风力机的升力系数

$$
\begin{aligned}
C_F =& \frac{16}{9}\int_0^1 \frac{x\left[\frac{2}{3}C_L(\alpha_b) - \left(\lambda_t x + \frac{2}{9\lambda_t x}\right)C_D(\alpha_b)\right]}{\left(\lambda_t x + \frac{2}{9\lambda_t x}\right)C_L(\alpha_b) + \frac{2}{3}C_D(\alpha_b)}\mathrm{d}x \\
=& \frac{16}{9}\int_0^1 \frac{x\left[\frac{2}{3}\cdot 2\pi\sqrt{C_f} - \left(\lambda_t x + \frac{2}{9\lambda_t x}\right)\cdot 4C_f\right]}{\left(\lambda_t x + \frac{2}{9\lambda_t x}\right)\cdot 2\pi\sqrt{C_f} + \frac{2}{3}\cdot 4C_f}\mathrm{d}x \\
=& \frac{32\sqrt{2}(\pi^4 - 16C_f^2)}{81\pi^3\lambda_t^2\sqrt{\pi^2 - 2C_f}}\left[\arctan\frac{\sqrt{2C_f}}{\sqrt{\pi^2 - 2C_f}} - \arctan\frac{2\sqrt{C_f} + 3\pi\lambda_t}{\sqrt{2\pi^2 - 4C_f}}\right] \\
& + \frac{16}{81\pi^3\lambda_t^2}\left[24\pi\lambda_t C_f - 4\sqrt{C_f}(\pi^2 + 4C_f)\ln(2\pi + 12\lambda_t\sqrt{C_f} + 9\pi\lambda_t^2)\right] \\
& + \frac{16}{81\pi^3\lambda_t^2}\left[6\pi^3\lambda_t + 16C_f^{3/2}\ln 2\pi + \pi^2\sqrt{C_f}(4\ln 2 + 4\ln\pi - 9\lambda_t^2)\right] \tag{6.54}
\end{aligned}
$$

图 6.14 给出了升力系数随尖速比的变化趋势。

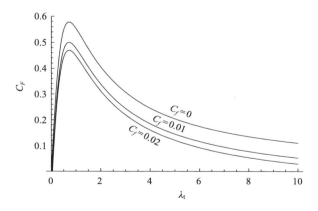

图 6.14　平板翼型理想风力机升力系数随尖速比的变化曲线

令摩擦阻力系数 $C_f = 0$,则有

$$C_{F\text{max}} = \lim_{C_f \to 0} C_F = \frac{32}{81\lambda_t^2}\left(3\lambda_t - \sqrt{2}\arctan\frac{3\lambda_t}{\sqrt{2}}\right) \tag{6.55}$$

该式与前面推导的普通翼型升力系数的关联极限公式(4.9)完全相同,证明当阻力为 0 时,尖速比关联极限公式与翼型无关,是任何翼型风力机的极限公式。

6.3.4 推力性能

现在考察平板翼型理想风力机推力系数变化趋势。将平板翼型最佳攻角对应的升力和阻力系数公式(6.48)和式(6.49)代入式(2.14),得

$$
\begin{aligned}
C_T &= \frac{B}{\pi}\int_0^1\left\{\frac{16\pi}{9B}\frac{x}{\left[\left(\lambda_t x + \frac{2}{9\lambda_t x}\right)\cdot 2\pi\sqrt{C_f} + \frac{2}{3}\cdot 4C_f\right]\sqrt{\left(\lambda_t x + \frac{2}{9\lambda_t x}\right)^2 + \left(\frac{2}{3}\right)^2}}\right\} \\
&\quad \cdot \left[\left(\lambda_t x + \frac{2}{9\lambda_t x}\right)\cdot 2\pi\sqrt{C_f} + \frac{2}{3}\cdot 4C_f\right]\sqrt{\left(\lambda_t x + \frac{2}{9\lambda_t x}\right)^2 + \left(\frac{2}{3}\right)^2}\,\mathrm{d}x \\
&= \frac{16}{9}\int_0^1 x\,\mathrm{d}x = \frac{8}{9} \tag{6.56}
\end{aligned}
$$

可见具有理想弦长和理想扭角的平板翼型风力机,不论设计尖速比如何改变,在稳定运行工况下推力系数始终保持为 8/9。

6.3.5 启动性能

为了获得更宽的工作范围以便产生更多的电能,风力机的启动性能是很重要的[56],在低风速区尤为重要[57]。风力机在启动前也是一种稳定的"运行"状态,它必须克服负载转矩和静态摩擦阻力矩才能启动,因此对启动转矩有最低要求,现探讨启动转矩系数的计算方法。

风力机即将启动尚未运转时的转矩大小是表征启动性能最重要的参数,当转矩能够克服负载和摩擦扭矩时风力机就可以正常启动。

风力机在启动前的受力状态有如下几个特点。

(1) 由于叶片尚未旋转,入流角等于 π/2,轴向诱导速度为 0。

(2) 启动前阻力不产生周向分量,仅需考虑升力的影响。

(3) 叶片全部处于大攻角状态,需用大攻角升力公式计算。

由于风力机启动前阻力不产生周向分量,且入流角等于 π/2,所以启动转矩系数为

$$C_M = \frac{B}{\frac{1}{2}\rho U^2 \pi R^3}\int_R \mathrm{d}M = \frac{B}{\frac{1}{2}\rho U^2 \pi R^3}\int_R \frac{1}{2}\rho U^2 C C_L r\,\mathrm{d}r$$

$$= \frac{B}{\pi} \int_0^1 \left(\frac{C}{R} \right) C_L(x) x \mathrm{d}x \tag{6.57}$$

将叶片数、弦长和沿展向的升力分布曲线代入后进行积分,可以得到任意翼型风力机的启动转矩。

以平板翼型为例进行估算。根据平板翼型大攻角升力公式(6.24)和理想扭角公式(6.36),升力系数沿翼展的分布为

$$C_L(x) = \sin 2\alpha(x) = \sin 2\left[\frac{\pi}{2} - \beta(x) \right] = \sin 2\beta(x)$$

$$= \sin\left(2\arctan \frac{6\lambda_t x}{9\lambda_t^2 x^2 + 2} - 2\arcsin \sqrt{C_f} \right) \tag{6.58}$$

将式(6.58)和叶片理想弦长公式(6.37)代入式(6.57),得平板翼型理想风力机的转矩系数为

$$C_M = \frac{B}{\pi} \int_0^1 \left\{ \frac{8\pi}{9B} \frac{x}{\left[\pi \sqrt{C_f} \left(\lambda_t x + \frac{2}{9\lambda_t x} \right) + \frac{4}{3} C_f \right] \sqrt{\left(\lambda_t x + \frac{2}{9\lambda_t x} \right)^2 + \left(\frac{2}{3} \right)^2}} \right\} C_L(x) x \mathrm{d}x$$

$$= \frac{8}{9} \int_0^1 \frac{x^2 \sin\left(2\arctan \frac{6\lambda_t x}{9\lambda_t^2 x^2 + 2} - 2\arcsin \sqrt{C_f} \right)}{\left[\pi \sqrt{C_f} \left(\lambda_t x + \frac{2}{9\lambda_t x} \right) + \frac{4}{3} C_f \right] \sqrt{\left(\lambda_t x + \frac{2}{9\lambda_t x} \right)^2 + \left(\frac{2}{3} \right)^2}} \mathrm{d}x \tag{6.59}$$

令 $C_f = 0.01$,对式(6.59)进行数值积分,可以得到静止状态转矩系数随设计尖速比的变化曲线,如图 6.15 所示,为方便比较,将稳定运行状态的曲线也绘于图中。

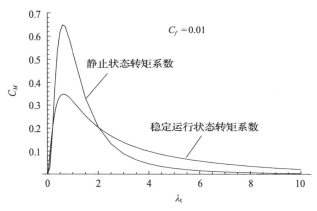

图 6.15 平板翼型理想风力机的静态转矩系数

　　由图 6.15 可以看出,低速风力机的启动转矩较大,随设计尖速比增大,静态转矩系数迅速减小,高速风力机的静态转矩系数低于稳定运行状态转矩系数。

　　启动转矩和启动风速计算。风力机静态启动转矩系数 C_M 可以通过前面介绍的方法得到,这里假定为已知,则不同风速下风力机静态转矩为

$$M = \frac{1}{2}\rho U^2 \pi R^3 \cdot C_M \tag{6.60}$$

　　如果负载和摩擦阻力矩所要求的最小启动转矩为 M_{min},则最小启动风速为

$$U_{min} = \sqrt{\frac{2M_{min}}{\pi \rho R^3 C_M}} \tag{6.61}$$

显然启动风速与静态转矩系数的平方根呈反比关系。

6.4　本 章 小 结

　　本章对平板翼型大攻角绕流特性进行了重点研究,通过对已有翼型大攻角绕流的升力和阻力实验数据的分析,得到了雷诺数为 $10^4 \sim 10^6$ 的平板总压力及其升力和阻力分量与攻角之间函数关系的近似表达式,研究表明,平板大攻角总压力系数约等于攻角正弦值的 2 倍,阻力分量系数约等于攻角正弦值平方的 2 倍;升力分量系数约等于攻角 2 倍的正弦值。进一步的研究表明,在大攻角状态,升力和阻力系数曲线是圆;而在小攻角状态,升力和阻力曲线是抛物线。

　　本章还研究了将平板翼型作为风力机翼型的情况,推导出作为理想叶片翼型使用时的最佳攻角、理想扭角和理想弦长表达式;进一步将其作为理想叶片,推导出平板翼型理想风力机运行于理想流体和实际流体环境的功率、转矩、升力和推力系数计算公式。研究表明,平板翼型最佳攻角的正弦值等于叶片零攻角状态下的摩擦阻力系数 1/2 的平方根;理想扭角是入流角与最佳攻角之差;理想弦长则是尖速比、零攻角状态下的摩擦阻力系数以及叶片数的函数。研究还表明,平板翼型理想风力机的性能仅与尖速比和零攻角状态下的摩擦阻力系数这两个参数关联,与其他任何因素无关。

第 7 章　函数翼型及其主要性能

风力机叶片的截面是翼型,翼型形状对性能有很大的影响。但是直到今天翼型的设计都没有实现函数化,这对翼型性能和风力机性能的解析计算产生了严重困难。为克服这些困难,最终实现叶片的函数化设计,本章拟探讨一种用解析函数表示翼型型线的方法,当函数中的常数值发生变化时,就能生成一簇新的翼型,并且函数本身及其中的所有常数的几何意义十分明确,通过调整常数值,可按预期的方向生成翼型,实现反向设计。此外,利用翼型的函数表达式可对翼型的压力分布和升力系数等性能进行解析计算,能大大简化设计过程,显著提高设计效率。

7.1　翼型型线的函数构造法

要对翼型的性能进行解析计算,首先必须给出翼型的函数表达式,且表达式中的参数还必须具有明确的几何意义,这是本节的主要任务,即研究用解析函数来构造翼型形状的方法。

7.1.1　茹科夫斯基翼型表达式的简化

茹科夫斯基翼型(Joukowsky airfoil)型线表达式为[58]

$$z = \sqrt{\frac{1}{4} + \frac{1}{64\varepsilon^2} - y_O^2} - \frac{1}{8\varepsilon} \pm \frac{2\sqrt{3}}{9}\delta(1 - 2y_O)\sqrt{1 - 4y_O^2} \tag{7.1}$$

式中,y_O 为翼型型线相对于弦长的无量纲横坐标(横轴与翼弦方向一致);z 为翼型型线相对于弦长的无量纲纵坐标(翼展方向将用 x 表示);δ 为最大厚度与弦长的比值,称为相对厚度;ε 为翼型中弧线到翼弦的最大距离与弦长的比值,称为相对弯度。式(7.1)最后一项取正号时表示上型线,取负号时表示下型线。

式(7.1)根号内含有弯度项,且弯度在分母,表达式比较复杂。弯度相对于弦长是小量,现对该式前两项关于 ε 进行泰勒级数展开以进行化简(第三项不含小量 ε),可在 Mathematica 数学软件输入以下代码:

$$\text{Series}\left[\left(\sqrt{\frac{1}{4} - y_O^2 + \frac{1}{64\varepsilon^2}} - \frac{1}{8\varepsilon}\right), \{\varepsilon, 0, 2\}\right] \tag{7.2}$$

运行结果是

$$(1 - 4y_O^2)\varepsilon + O[\varepsilon]^3 \tag{7.3}$$

忽略此泰勒展开式 3 次及以上阶次小量后与式(7.1)的最后一项合成，得到[56]

$$z = (1 - 4y_O^2)\varepsilon \pm 0.385\sqrt{1 - 4y_O^2}(1 - 2y_O)\delta \qquad (7.4)$$

这是弦长中点位于原点的翼型表达式。图 7.1 显示了式(7.1)和式(7.4)的翼型图像之间的差异(厚度和弯度均为 0.2 时)。

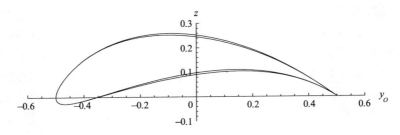

图 7.1　茹科夫斯基翼型与简化函数翼型的差异

显然函数化简前后的差异不大，这是弯度很大时的情况，弯度通常要小得多，图像差异会更小。这些极小的差异还可以通过调整常数值进一步消减。

式(7.4)中第一项为翼型的中弧线，其最大值为 ε，由该值确定翼型的弯度。第二项表示厚度，取正号时为上型线，取负号时为下型线。容易证明上、下型线之间距离的最大值为 δ。分别取 $\delta = 0.2, \varepsilon = 0$ 及 $\delta = 0.2, \varepsilon = 0.1$，式(7.4)表示的翼型形状分别如图 7.2 和图 7.3 所示。

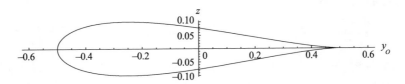

图 7.2　对称翼型示例

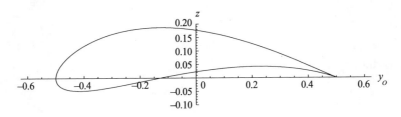

图 7.3　弯度为 0.1 的翼型示例

将前缘移至原点可进一步简化式(7.4)。令

$$1 + 2y_O = 2y \qquad (7.5)$$

则有

$$1 - 2y_O = 2(1-y) \qquad (7.6)$$

将式(7.5)和式(7.6)代入式(7.4),得

$$z = 2y \cdot 2(1-y)\varepsilon \pm 0.385 \sqrt{2y \cdot 2(1-y)} \cdot 2(1-y)\delta \qquad (7.7)$$

即

$$z = 4\varepsilon y(1-y) \pm 1.54\delta y^{0.5}(1-y)^{1.5} \qquad (7.8)$$

这是前缘在原点的茹科夫斯基翼型型线的解析表达式。

7.1.2　一般翼型型线的函数构造法

在函数表达式中,系数和指数(统称为常数)对函数图像形状产生显著的影响。为构造一般翼型型线形状函数,将简化后的茹科夫斯基翼型型线表达式的系数和指数扩展为一般形式,参考式(7.8),定义翼型型线函数为[59]

$$z = py^a(1-y)^b \pm qy^c(1-y)^d \qquad (7.9)$$

式中,p、a、b、q、c 和 d 均为大于 0 的常数。茹科夫斯基型线函数可认为是该式的一个特例。

该式的第一项表示翼型的中弧线,由 3 个常数控制中弧线的形状:系数 p 控制整体中弧线的高低,y 的指数 a 控制前端中弧线的高低,$(1-y)$ 的指数 b 控制后端中弧线的高低。该式第二项表示翼型的厚度,由 3 个常数控制厚度变化趋势:系数 q 控制整体厚度趋势,y 的指数 c 控制前端厚度,$(1-y)$ 的指数 d 控制后端厚度。

这 6 个常数的增大或减小都会影响形状,相对于基准图形的影响趋势列入表 7.1 中,这里用于比较的基准图形的常数为 $p=0.4$,$a=1$,$b=1$,$q=0.3$,$c=0.5$,$d=1.5$(茹科夫斯基翼型)。

从表 7.1 可以看出,翼型型线的形状取决于中弧线走势和厚度的变化。本书将这种用调整中弧线和厚度常数构造翼型型线的方法,称为"中弧线-厚度函数构造法"。

常数变化对形状的影响趋势有很强的规律性。p 是中弧线项的系数,p 增大翼型中弧线就会整体呈比例增高,弯度就会增大。q 是厚度项的系数,q 增大厚度会整体呈比例扩展。底数为 y 的项对翼型前端形状影响较大,底数为 $(1-y)$ 的项对后端形状影响较大,它们都是小于 1 的数,因此指数增大所在项反而变小。由此可见,式(7.9)中每一项、每个系数或指数的几何意义都很明确,而且表达式并不复杂(仅有 6 个常数),因此方便构造多种形态的翼型。

表 7.1　常数变化对翼型形状的影响

常数	中弧线参数			厚度参数		
	p	a	b	q	c	d
常数增大图形	整体升高	前端下降	后端下降	整体扩展	前端收窄	后端收窄
基准图形						
常数减小图形	整体降低	前端上升	后端上升	整体收窄	前端扩展	后端扩展

7.1.3　复杂翼型型线的函数构造法

为适应构造更复杂翼型形状的需要,可以考虑分离上、下型线并重新组合。用下标 u、l 分别表示上、下型线,则式(7.9)可扩展为[60]

$$z_u = p_u y^{a_u}(1-y)^{b_u} + q_u y^{c_u}(1-y)^{d_u} \tag{7.10}$$

$$z_l = p_l y^{a_l}(1-y)^{b_l} - q_l y^{c_l}(1-y)^{d_l} \tag{7.11}$$

如果下型线和对应中弧线始终保持为基准形状(实线)不变,仅改变上型线常数时,图形的变化趋势(虚线)如表 7.2 所示。相应地,如果上型线和对应中弧线始终保持为基准形状(实线)不变,仅改变下型线常数时图形的变化趋势(虚线)如表 7.3 所示。

表 7.2　上型线常数变化对翼型形状的影响

常数	上型线的中弧线参数			上型线的厚度参数		
	p_u	a_u	b_u	q_u	c_u	d_u
常数增大图形	整体升高	前端下降	后端下降	整体扩展	前端收窄	后端收窄
常数减小图形	整体降低	前端上升	后端上升	整体收窄	前端扩展	后端扩展

表 7.3　下型线常数变化对翼型形状的影响

常数	下型线的中弧线参数			下型线的厚度参数		
	p_1	a_1	b_1	q_1	c_1	d_1
常数增大图形	整体升高	前端下降	后端下降	整体扩展	前端收窄	后端收窄
常数减小图形	整体降低	前端上升	后端上升	整体收窄	前端扩展	后端扩展

　　以上所有示例是在基准形状基础上仅调整单一常数得到的图形趋势,如果同时调整多个常数,那么图形的变化形式将会是多种多样的,因此可以通过调整常数给出众多翼型的解析表达式。

　　需要注意的是,在上、下型线分离,进行不同组合的情况下,翼型的实际中弧线和厚度需重新计算。最终中弧线的表达式为

$$f_\epsilon = \frac{z_u + z_l}{2}$$
$$= \frac{1}{2}\left[p_u y^{a_u}(1-y)^{b_u} + q_u y^{c_u}(1-y)^{d_u} + p_1 y^{a_1}(1-y)^{b_1} - q_1 y^{c_1}(1-y)^{d_1} \right]$$

$$(7.12)$$

其最大值 $f_{\epsilon\max}$ 就是翼型的弯度。翼型最终上、下型线之间的距离为

$$f_\delta = z_u - z_l$$
$$= p_u y^{a_u}(1-y)^{b_u} + q_u y^{c_u}(1-y)^{d_u} - p_1 y^{a_1}(1-y)^{b_1} + q_1 y^{c_1}(1-y)^{d_1}$$

$$(7.13)$$

其最大值 $f_{\delta\max}$ 就是翼型的厚度,该值可作为优化设计中的约束项之一。

7.1.4　光滑后缘翼型型线的函数构造法

　　前述翼型的后缘为两条曲线的交点,尖锐后缘翼型在有些场合不能满足实际工作的需要,必须设法用解析函数构造光滑后缘翼型。例如,风力机叶片内侧翼型常运行在大攻角状态,而钝后缘翼型常被采用以提高升力等性能。

　　实际上后缘主要与厚度有关,因此在前述所有公式后再增加一个厚度项就能解决问题。这里的主要技巧在于把光滑前缘的方法用在后缘处,以上述基准翼型示例分析如下。基准翼型型线函数为

$$z = 0.4y(1-y) \pm 0.3y^{0.5}(1-y)^{1.5} \tag{7.14}$$

该式表示的型线图形如图 7.4(a)所示。前缘的光滑性取决于厚度项(第二项)中 y 的指数 0.5,这个值只能微调或不调才能保持前缘光滑。后缘光滑性则由 $(1-y)$ 的指数确定,当其值从 1.5 调整到 0.5 左右时,后缘必定是光滑的。但是这种调整会导致翼型型线形状发生巨大变化,例如,对换这两项的指数,翼型就会水平翻转(图 7.4(b))。解决的方法是在式(7.9)或式(7.14)中再增加一个厚度项,并调换指数的位置,再调低该项系数值(以减少对前端形状的影响),例如,变换为以下形式:

$$z = 0.4y(1-y) \pm 0.3y^{0.5}(1-y)^{1.5} \pm 0.1y^{1.5}(1-y)^{0.5} \tag{7.15}$$

该式表示的型线图形如图 7.4(c)所示。如果在式(7.15)的第三项中增大 y 的指数,例如,由 1.5 增大到 6,那么与图 7.4(a)比较,翼型前端的形状基本不变,而后缘变化明显(图 7.4(d))。

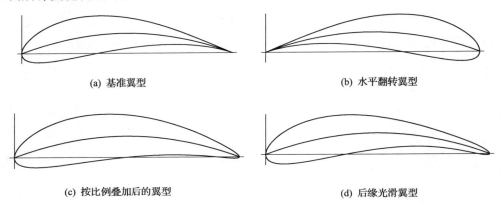

(a) 基准翼型　　　　　　　　　　　　　(b) 水平翻转翼型

(c) 按比例叠加后的翼型　　　　　　　　(d) 后缘光滑翼型

图 7.4　光滑后缘翼型的构造过程

根据以上分析,具有光滑后缘的翼型型线函数可表示为

$$z = py^a(1-y)^b \pm qy^c(1-y)^d \pm ry^s(1-y)^t \tag{7.16}$$

式中,$r<q,s \geqslant d,t \approx c$,且均为大于 0 的常数。这 3 个关系式可作为光滑后缘翼型优化设计中的约束项。

现有与上述公式形式相近的一种函数是 Bezier 函数,它也适合用于绘制空间曲线,在机械设计领域有广泛应用[61],在翼型设计方面也得到了应用。n 次 Bezier 函数的表达式为

$$P(t) = \sum_{i=0}^{n} B_{i,n} \boldsymbol{Q}_i = \sum_{i=0}^{n} C_n^i t^i (1-t)^{n-i} \boldsymbol{Q}_i \tag{7.17}$$

式中，$P(t)$ 为曲线上的任意一点；$t \in (0,1)$，为参变量；$B_{i,n}$ 为 Bernstein 基函数，C_n^i 为组合数；Q_i 为 Bezier 曲线的控制顶点。

Bezier 函数的主体变量结构形式与本书公式有相似之处，也可用于翼型型线的参数化建模[62]，优点是有利于对已有翼型型线的逼近，缺点是阶数 n 不能太低，一般要超过 6 次，所以常数较多，计算量很大；另外，由于其系数不能任意调节，且变量的几何含义比较模糊，不利于函数制图方法的局部形状调节，但在可视制图方面有一定优势。

7.1.5　风力机叶片翼型的函数表达

在设计翼型时通常要参照一个已有翼型，通过多种方法微调形状，计算性能，最后根据约束条件下的最优性能确定新翼型。风力机翼型设计也不例外，因此需要将现有翼型型线用解析函数表达。

翼型型线一般用坐标数据库描述，容易将坐标数据绘制成坐标点阵图像，将点阵按顺序用光滑曲线连接，就形成了翼型图像。用函数图形去逼近翼型点阵，可以采用翼型型线集成理论[63]和解析函数线性叠加[64]等方法，本书介绍的方法则是根据两个图形之间的差距，通过调整函数中的常数值逐步逼近翼型点阵。由于本书给出的函数的常数值几何意义明确（表 7.2 和表 7.3），所以逼近过程简单易行，一般只需几分钟时间就能得到函数表达式和图形，比较简单、直观。

从美国的 NACA 族翼型、瑞典的 FFA-W 族翼型和荷兰的 DU 族翼型中各取一个翼型，给出逼近这 3 个特点明显的风力机翼型的示例，参见图 7.5～图 7.7，图中的点阵为原始翼型坐标点阵图像，曲线为逼近原始翼型的函数图形。

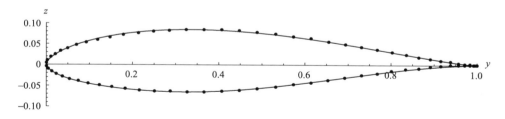

图 7.5　NACA 63(2)-215 风力机翼型的函数逼近曲线（原点在前缘）

可采用 Mathematica 数学软件的绘图功能进行逼近，方法是：将翼型坐标数据显示为点阵图像，再用参数表达式生成相近的翼型曲线图像，然后把两个图像叠加在一起，以便比较它们的差别，通过调整系数和指数的数值，使翼型曲线逐步逼近点阵图像。逼近过程结束后，根据常数值可立即得到翼型函数表达式，分别如下所示。

NACA 63(2)-215 翼型：

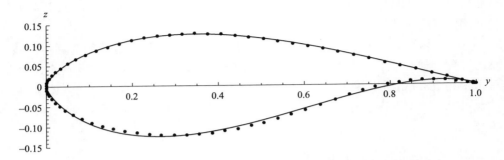

图 7.6　DU 91-W2-250 风力机翼型的函数逼近曲线（原点在前缘）

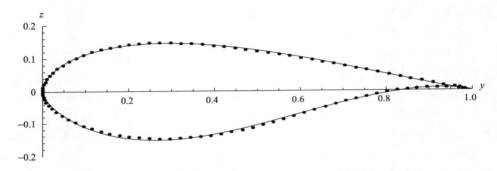

图 7.7　FFA-W3-301 风力机翼型的函数逼近曲线（原点在前缘）

$$z_u = 0.2y^{0.8}(1-y)^{1.25} + 0.11y^{0.5}(1-y)^{1.5} \tag{7.18}$$

$$z_l = 0.3y^{1.1}(1-y)^5 - 0.33y^{1.8}(1-y)^{0.66} \tag{7.19}$$

DU 91-W2-250 翼型：

$$z_u = 0.2y^{1.1}(1-y)^{2.3} + 0.295y^{0.58}(1-y)^{1.03} \tag{7.20}$$

$$z_l = 0.26y^{0.75}(1-y)^{0.9} - 0.85y^{0.73}(1-y)^{1.6} \tag{7.21}$$

FFA-W3-301 翼型：

$$z_u = 0.2y^{0.61}(1-y)^{1.6} + 0.24y^{0.48}(1-y)^{1.1} \tag{7.22}$$

$$z_l = 0.27y^{2.6}(1-y)^1 - 0.68y^{0.7}(1-y)^{1.7} \tag{7.23}$$

类似地，可以得到其他翼型的函数表达式，调整表达式中的常数赋值可以微调形状，以便设计新的翼型。关于常数值的范围和步长的取法涉及很多实用经验，这里不再赘述。

7.1.6 翼型参数表达式及翼型环视图

1. 简单翼型参数表达式

将弦长中心设置在原点，由式(7.4)，得

$$z = \varepsilon(1+2y)^1(1-2y)^1 \pm 0.385\delta(1+2y)^{\frac{1}{2}}(1-2y)^{\frac{3}{2}} \qquad (7.24)$$

式(7.24)表示的曲线也可表示为参数方程的形式。引入参量 θ，令 $y = (1/2)\cos\theta$，代入式(7.24)，得

$$z = \varepsilon(1+\cos\theta)^1(1-\cos\theta)^1 \pm 0.385\delta(1+\cos\theta)^{\frac{1}{2}}(1-\cos\theta)^{\frac{3}{2}} \qquad (7.25)$$

式中，参数 θ 取值范围为 $[0, \pi]$。该式可以等价地化简为单闭曲线的形式，即

$$z = \varepsilon(1+\cos\theta)^1(1-\cos\theta)^1 + 0.385\delta(1+\cos\theta)^{\frac{1}{2}}(1-\cos\theta)^{\frac{3}{2}} \qquad (7.26)$$

或

$$z = \varepsilon(1+\cos\theta)^1(1-\cos\theta)^1 + 0.385\delta\sin\theta(1-\cos\theta)^1 \qquad (7.27)$$

式(7.26)或式(7.27)中参数 θ 取值范围是 $[0, 2\pi]$，在 $[0, \pi]$ 为上型线，$[\pi, 2\pi]$ 为下型线。

扩展到更一般的情况，参考式(7.27)，定义以下单闭参数表达式为一种翼型型线的函数形式，即

$$\begin{cases} y = \dfrac{1}{2}\cos\theta \\ z = p(1-\cos\theta)^a(1+\cos\theta)^b + q\sin\theta(1-\cos\theta)^c \end{cases} \qquad (7.28)$$

式中，θ 为参变量；p、a、b 和 q、d 均为大于 0 的常数，给定不同的常数值可得到不同形状的翼型。例如，p 的大小与弯度成正比，当 $p=0$ 时，所表示的翼型为对称翼型；当 $a=b=d=1$ 时，近似于茹科夫斯基翼型；a/b 较大时为前拱翼型，较小时为后拱翼型；q 的大小与厚度成正比。图 7.8 给出了不同常数值的几组翼型型线示例，翼型内部的实线是中弧线。

参变量 θ 的含义如下(图 7.9)。以单位弦长为直径画翼型的外接圆，外接圆上任意一点 P 的方位角为 θ(逆时针为正)，P 点的横坐标即为 $x=(1/2)\cos\theta$。翼型上对应点 $P'(x, y)$ 相当于在外接圆上沿垂直方向观察到的翼型上的最近的点，其横坐标与 P 点横坐标一致，纵坐标为翼型表达式的计算值。

如果要求翼型后缘光滑(不尖锐)，可增加 1 个或多个厚度项，例如，增加 1 个厚度项对应的参数方程为

$$z = p(1+\cos\theta)^a(1-\cos\theta)^b + q\sin\theta(1-\cos\theta)^d + r\sin\theta(1+\cos\theta)^f \qquad (7.29)$$

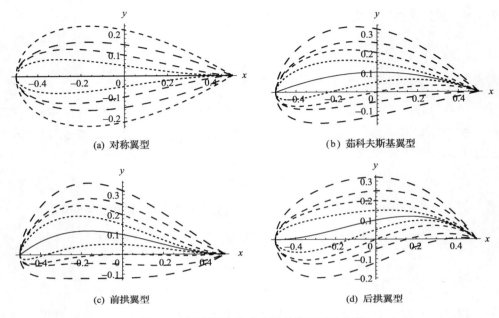

(a) 对称翼型　　　　　　　　　　　　　　(b) 茹科夫斯基翼型

(c) 前拱翼型　　　　　　　　　　　　　　(d) 后拱翼型

图 7.8　用参数表达式表示的翼型形状示例

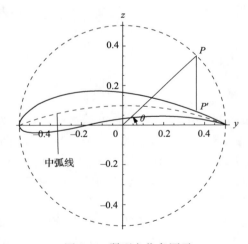

图 7.9　翼型方位角图示

式中，r、d 为正的常数，$r < q$。图 7.10 显示了当 $p = 2q = 0.1$，$r = 0.015$，$a = b = d = f = 1$ 时的函数形状。

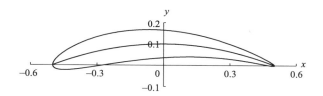

图 7.10　后缘有厚度的翼型示例

2. 复杂翼型参数表达式

以上讨论的翼型函数的上、下型线具有相同的常数值,并且能表示成一个单闭的参数表达式,是比较简单的翼型函数。

更一般的情况是将上、下型线分别表达,以便得到更复杂的翼型结构。将式(7.26)扩展到一般情况的另一种表达方式是

$$z = p(1+\cos\theta)^a(1-\cos\theta)^b \pm q(1+\cos\theta)^c(1-\cos\theta)^d \qquad (7.30)$$

该式上、下型线具有相同的常数值,为产生更丰富的翼型结构,可将不同翼型的上型线和下型线进行组合(即上、下型线可采用不同的常数值);为了能更细致地微调形状或者能表达有光滑尾缘的翼型形状,可以在此表达式基础上再增加一个或多个厚度项,按这两个原则可得到翼型型线的一般参数表达式为

$$\begin{cases} y = (1/2)\cos\theta \\ z_u = p_u(1+\cos\theta)^{a_u}(1-\cos\theta)^{b_u} + \sum_{i=1}^{M} q_{ui}(1+\cos\theta)^{c_{ui}}(1-\cos\theta)^{d_{ui}} \\ z_l = p_l(1+\cos\theta)^{a_l}(1-\cos\theta)^{b_l} - \sum_{j=1}^{N} q_{lj}(1+\cos\theta)^{c_{lj}}(1-\cos\theta)^{d_{lj}} \end{cases} \qquad (7.31)$$

式中,下标 u、l 分别代表翼型的上、下型线;上型线的 p_u、a_u、b_u 与 q_{ui}、c_{ui}、d_{ui}($i = 1,2,3,\cdots,M$) 和下型线的 p_l、a_l、b_l 与 q_{lj}、a_{lj}、b_{lj}($j = 1,2,3,\cdots,N$) 的取值均为大于 0 的常数,M 和 N 均为正整数。

现以风力机叶片翼型为例给出逼近已有翼型形状的函数表达式。在设计翼型时通常要参照一个已有翼型(通常只有坐标数据),通过多种方法微调形状、计算性能,最后根据约束条件下的最优性能确定新翼型。

将现有翼型坐标数据绘制成坐标点阵图像,对点阵按顺序用光滑曲线连接,就形成了翼型图像。用函数图形去逼近翼型点阵,可根据两个图形之间的差距,通过调整函数中的常数值逐步逼近翼型点阵。

这里从瑞典的 FFA-W 族翼型中取一个翼型作为示例,如图 7.11 所示,图中的点阵为原始翼型坐标点图像,曲线为逼近原始翼型的函数图形。

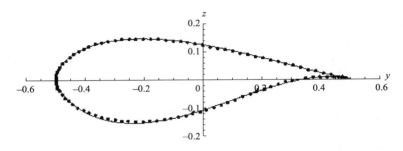

图 7.11　FFA-W3-301 风力机翼型的函数逼近曲线(原点在翼弦中心)

逼近过程结束后,根据当时的常数取值可立即得到翼型函数表达式

$$\begin{cases} y = 0.5\cos\theta \\ z_u = 0.043(1+\cos\theta)^{0.61}(1-\cos\theta)^{1.6} + 0.081(1+\cos\theta)^{0.48}(1-\cos\theta)^{1.1} \\ z_l = 0.022(1+\cos\theta)^{2.6}(1-\cos\theta)^{1} - 0.130(1+\cos\theta)^{0.7}(1-\cos\theta)^{1.7} \end{cases}$$

(7.32)

　　类似地,可以得到其他翼型的函数表达式,调整表达式中的常数赋值可以微调形状,以便设计新的翼型。函数化之后的翼型可由解析函数精确定义,不必用坐标数据库近似表达,能大大简化翼型的表达方式,且很容易实现反向设计。

　　当上、下型线的常数不同时,翼型不能用一个单闭参数公式表达,只能用两个公式表示,在这种情况下用普通公式(以 y 为自变量)表示会更简便一些,特别是将坐标原点移至前缘处会最大限度地化简表达式。

3. 常数取值对翼型形状的影响

　　在函数表达式中,常数对函数图像形状产生显著的影响。函数中的方位角 θ 及其函数项的取值范围如表 7.4 所示,由此可判断指数变化对函数或翼型形状的影响趋势。不难看出,$(1+\cos\theta)$ 项在前端介于 0～1,对前端形状影响极大,而 $(1-\cos\theta)$ 项在后端介于 0～1,对后端形状影响极大。

　　以式(7.30)为例分析常数取值对形状的影响趋势。该式第一项表示翼型的中弧线,由三个常数控制中弧线的形状:系数 p 控制中弧线的整体高低(越大越高),指数 a 主要控制前端中弧线的高低(越大越低),指数 b 主要控制后端中弧线的高低(越大越低);该式第二项表示翼型的厚度,由三个常数控制厚度变化趋势:系数 q 控制整体厚度趋势(越大越厚),指数 c 主要控制前端厚度(越大越薄),指数 d 主要控制后端厚度(越大越薄)。常数值变化对翼型形状的影响趋势如表 7.5 所示。

表 7.4　方位角及其函数项的取值范围与特性

位置	方位角 θ 取值范围	$\cos\theta$ 项 取值范围	$(1+\cos\theta)$ 项 取值范围与特性	$(1-\cos\theta)$ 项 取值范围与特性
前缘点	$\theta=\pi$	$\cos\theta=-1$	0	2
后缘点	$\theta=0$	$\cos\theta=1$	2	0
中点	$\theta=\pm\pi/2$	$\cos\theta=0$	1	1
前端	$\pi/2<\theta<3\pi/2$	$-1<\cos\theta<0$	$0<(1+\cos\theta)<1$ 指数越大值越小 （影响极大）	$1<(1-\cos\theta)<2$ 指数越大值越大 （影响很小）
后端	$-\pi/2<\theta<\pi/2$	$0<\cos\theta<1$	$1<(1+\cos\theta)<2$ 指数越大值越大 （影响很小）	$0<(1-\cos\theta)<1$ 指数越大值越小 （影响极大）

表 7.5　常数值变化对翼型形状的影响趋势

常数变化趋势	中弧线常数			厚度常数		
	p	a	b	q	c	d
常数 变大时	整体 变高	前端 显著变低	后端 显著变低	整体 变厚	前端 显著变薄	后端 显著变薄
		后端 稍微变低	前端 稍微变低		前端 稍微变薄	后端 稍微变薄
常数 变小时	整体 变低	前端 显著变高	后端 显著变高	整体 变薄	前端 显著变厚	后端 显著变厚
		前端 稍微变高	后端 稍微变高		前端 稍微变厚	后端 稍微变厚

由表 7.5 可总结出一条简单规律：系数变大时,中弧线变高,厚度增大,变化趋势相同;指数变大时,中弧线变低,厚度减小,变化趋势相反;$(1+\cos\theta)$ 项的指数显著影响前端,$(1-\cos\theta)$ 项的指数显著影响后端。掌握了这个简单规律就方便了对常数的赋值,以便生成预期形状的翼型,或者方便对现有翼型形状的逼近。

7.2　函数翼型主要性能计算

7.2.1　函数翼型速度分布

设翼型函数由式(7.28)定义。对于理想流体绕翼型小攻角流动,可将 $h(y,z)$

平面的翼型变换到 $\zeta(\xi,\eta)$ 平面上的圆,利用圆柱绕流公式进行变换求解[65]。

在 $\zeta(\xi,\eta)$ 平面有环量的圆柱绕流的复速度为[55]

$$
\begin{aligned}
\frac{\mathrm{d}w}{\mathrm{d}\zeta} &= v_\xi - \mathrm{i}v_\eta = U'\mathrm{e}^{-\mathrm{i}\alpha} - \frac{U'\mathrm{e}^{\mathrm{i}\alpha}R^2}{\zeta^2} + \frac{\mathrm{i}\Gamma}{2\pi\zeta} \\
&= U'(\cos\alpha - \mathrm{i}\sin\alpha) - U'\frac{(\cos\alpha + \mathrm{i}\sin\alpha)R^2}{R^2(\cos2\theta + \mathrm{i}\sin2\theta)} + U'\frac{\mathrm{i}4\pi R\sin\alpha}{2\pi R(\cos\theta + \mathrm{i}\sin\theta)} \\
&= U'[\cos\alpha(1 - \cos2\theta) - \sin\alpha(\sin2\theta - 2\sin\theta)] \\
&\quad - \mathrm{i}U'[\sin\alpha(1 + \cos2\theta - 2\cos\theta) - \cos\alpha\sin2\theta]
\end{aligned}
\tag{7.33}
$$

式中, R 为 ζ 平面圆柱半径; v_ξ、v_η、U' 分别为 ζ 平面上 ξ 轴方向速度分量、η 轴方向速度分量和无穷远处来流速度; $\Gamma = 4\pi RU'\sin\alpha$(该环量恰好能将后驻点移至后缘点)。因此无量纲的速度分量分别为

$$
\bar{v}_\xi = \frac{v_\xi}{U'} = \cos\alpha(1 - \cos2\theta) - \sin\alpha(\sin2\theta - 2\sin\theta)
\tag{7.34}
$$

$$
\bar{v}_\eta = \frac{v_\eta}{U'} = \sin\alpha(1 + \cos2\theta - 2\cos\theta) - \cos\alpha\sin2\theta
\tag{7.35}
$$

文献[66]对 $h(y,z)$ 平面用单闭函数表示的形状(不一定是翼型)与 $\zeta(\xi,\eta)$ 平面的圆柱之间的映射关系进行了论述,文献[67]给出了进一步的证明,并明确了变换关系的应用条件。在 $h(y,z)$ 平面,单闭函数表示的形状对应的无量纲速度分布为[63]

$$
\bar{v}_y = \frac{v_y}{U} = \frac{\bar{v}_\xi f_1 - \bar{v}_\eta f_2}{f_1^2 + f_2^2}
\tag{7.36}
$$

$$
\bar{v}_z = \frac{v_z}{U} = \frac{\bar{v}_\xi f_2 + \bar{v}_\eta f_1}{f_1^2 + f_2^2}
\tag{7.37}
$$

式中

$$
f_1 = \frac{\sin\theta[(1 - \cos2\theta) - z'_y\sin2\theta]}{\sin\theta + 2z}
\tag{7.38}
$$

$$
f_2 = \frac{\sin\theta[\sin2\theta + (1 - \cos2\theta)z'_y]}{\sin\theta + 2z}
\tag{7.39}
$$

对于本书探讨的函数翼型,为将上述各式和后面要推导的压力分布公式都转化成以 θ 为自变量的形式,对式(7.28)微分,得

$$
\mathrm{d}y = -\frac{\sin\theta}{2}\mathrm{d}\theta
\tag{7.40}
$$

$$
z'_y = \frac{\mathrm{d}z}{\mathrm{d}y} = \frac{\mathrm{d}z}{\mathrm{d}\theta}\frac{\mathrm{d}\theta}{\mathrm{d}y} = -\frac{2}{\sin\theta}\frac{\mathrm{d}z}{\mathrm{d}\theta} = -\frac{2}{\sin\theta}z'_\theta
\tag{7.41}
$$

将式(7.40)代入式(7.38)和式(7.39),得

$$f_1 = \frac{\sin\theta(1-\cos2\theta)+2z'_\theta\sin2\theta}{\sin\theta+2z} \tag{7.42}$$

$$f_2 = \frac{\sin\theta\sin2\theta-2(1-\cos2\theta)z'_\theta}{\sin\theta+2z} \tag{7.43}$$

由式(7.36)、式(7.37)、式(7.42)和式(7.43)得,函数翼型速度平方分布式为

$$\bar{v}^2 = \bar{v}_y^2 + \bar{v}_z^2 = \frac{\bar{v}_\xi^2 + \bar{v}_\eta^2}{f_1^2 + f_2^2} = \frac{(\sin\theta+2z)^2\big[\sin(\theta-\alpha)+\sin\alpha\big]^2}{4(z'_\theta)^2\sin^2\theta+\sin^4\theta} \tag{7.44}$$

7.2.2　函数翼型压力分布

由式(7.44)容易得到翼型的压力分布为

$$C_p = 1-(\bar{v}_y^2+\bar{v}_z^2) = 1-\frac{(\sin\theta+2z)^2\big[\sin(\theta-\alpha)+\sin\alpha\big]^2}{4(z'_\theta)^2\sin^2\theta+\sin^4\theta} \tag{7.45}$$

这是仅以 θ 为自变量的压力分布一般公式。举例计算如下,设翼型的参数表达式为

$$z = 0.1(1-\cos\theta)(1+\cos\theta)+0.1\sin\theta(1-\cos\theta) \tag{7.46}$$

对式(7.46)化简,并求导数,得

$$z = 0.1(\sin^2\theta+\sin\theta-0.5\sin2\theta) \tag{7.47}$$

$$z'_\theta = 0.1(\sin2\theta+\cos\theta-\cos2\theta) \tag{7.48}$$

代入式(7.45),得

$$C_p = 1-\frac{(0.2\sin^2\theta+1.2\sin\theta-0.1\sin2\theta)^2\big[\sin(\theta-\alpha)+\sin\alpha\big]^2}{0.04(\sin2\theta+\cos\theta-\cos2\theta)^2\sin^2\theta+\sin^4\theta} \tag{7.49}$$

可见压力分布可表示为方位角的单闭曲线函数。

在式(7.49)中,当攻角 α 分别为 5°和 10°时,压力分布环视图如图 7.12 所示,其中 θ 是从后缘起算的外接圆顺时针方位角。

这种以 θ 为自变量反映翼型压力分布的图像,可称为翼型压力分布环视图(图 7.9)。习惯上压力分布图的原点与前缘点重合,因此引入从前缘点起算的方位角 γ 作为自变量,上、下型线方位角分别用下标 u、l 表示,与 θ 的关系是

$$\gamma_u = \pi-\theta, \quad \theta\in[0,\pi], \quad \gamma_u\in[0,\pi](顺时针为正)$$

$$\gamma_l = \theta-\pi, \quad \theta\in[\pi,2\pi], \quad \gamma_l\in[0,\pi](逆时针为正)$$

代入式(7.45),得上、下型线的压力系数分别为

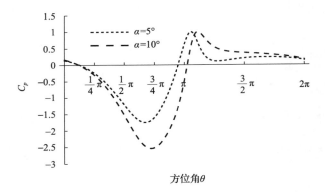

图 7.12　翼型压力分布环视图

$$C_{pu} = 1 - \frac{(\sin\gamma_u + 2z)^2[\sin(\gamma_u + \alpha) + \sin\alpha]^2}{4(z'_\theta\big|_{\theta=\pi-\gamma_u})^2\sin^2\gamma_u + \sin^4\gamma_u} \tag{7.50}$$

$$C_{pl} = 1 - \frac{(\sin\gamma_l - 2z)^2[\sin(\gamma_l - \alpha) - \sin\alpha]^2}{4(z'_\theta\big|_{\theta=\pi+\gamma_l})^2\sin^2\gamma_l + \sin^4\gamma_l} \tag{7.51}$$

　　这是仅以 γ 为自变量的压力分布一般公式。将式(7.47)及其导数表达式(7.48)分别代入式(7.50)和式(7.51),可得以前缘为起点的压力分布环视图,如图 7.13 所示。

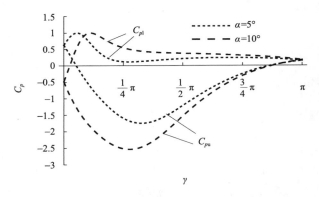

图 7.13　以前缘为起点的翼型压力分布环视图

　　从图 7.12 和图 7.13 可以看出,以方位角为自变量的压力分布环视图对前缘压力分布表达得十分清晰,比通常用弦长 y 作为自变量的情况有明显的优势。图 7.14是一种比茹科夫斯基翼型更具实用性的微弯翼型在雷诺数 $Re = 4.3 \times 10^5$、攻角 $\alpha = 3°$时,由 Profili 软件(XFOIL 内核)数值计算得到的压力沿弦长分布图。该翼型的表达式为

$$z = 0.01\sin^2\theta + 0.05\sin\theta(1-\cos\theta)^{0.6} \tag{7.52}$$

将该式代入式(7.50)和式(7.51),可得到理想流体环境压力分布环视图,如图 7.15 所示。

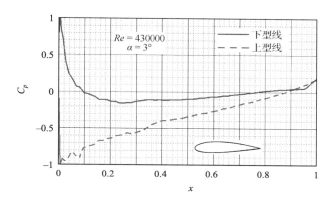

图 7.14 微弯翼型压力沿弦长分布图

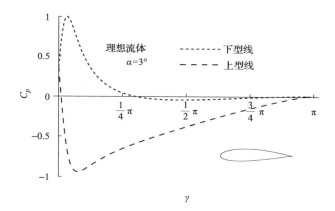

图 7.15 微弯翼型压力沿方位角分布环视图

比较图 7.14 和图 7.15 可以发现,压力分布的大致趋势相同,压力值接近,最明显的特征是前缘处压力分布用环视图表达得更清晰(如果后缘有厚度同样能表达清楚)。误差产生的原因将在后面分析。

7.2.3 函数翼型升力系数计算

升力大小是翼型最重要的性能标志,升力可通过压力直接积分获得。若翼型表面压力为 p,无穷远处来流压力为 p_0,则压差$(p-p_0)$作用于型线微段 ds 产生的作用力在垂直于来流方向的分力 dL 沿翼型型线的积分就是待求的升力。

$$dL = -(p-p_0)ds \cdot \sin\left[\left(\arctan z'_y - \frac{\pi}{2}\right) - \alpha\right] = (p-p_0)\cos(\arctan z'_y - \alpha)ds$$

$$= \frac{1}{2}\rho U^2[1-(\bar{v}_y^2+\bar{v}_z^2)]\left[\frac{\cos\alpha}{\sqrt{1+(z'_y)^2}}+\frac{z'_y\sin\alpha}{\sqrt{1+(z'_y)^2}}\right]\sqrt{1+(z'_y)^2}\,dy$$

$$= \frac{1}{2}\rho U^2[1-(\bar{v}_y^2+\bar{v}_z^2)](\cos\alpha+z'_y\sin\alpha)dy \tag{7.53}$$

由式(7.44),升力系数为

$$C_L = \frac{dL}{\frac{1}{2}\rho U^2} = \oint_S[1-(\bar{v}_y^2+\bar{v}_z^2)](\cos\alpha+z'_y\sin\alpha)dy$$

$$= \int_0^{2\pi}\left\{1-\frac{(\sin\theta+2z)^2[\sin(\theta-\alpha)+\sin\alpha]^2}{4(z'_\theta)^2\sin^2\theta+\sin^4\theta}\right\}\left(\cos\alpha+\frac{-2z'_\theta}{\sin\theta}\sin\alpha\right)\left(-\frac{\sin\theta}{2}d\theta\right)$$

$$= \int_0^{2\pi}\left[\left\{-1+\frac{(\sin\theta+2z)^2[\sin(\theta-\alpha)+\sin\alpha]^2}{4(z'_\theta)^2\sin^2\theta+\sin^4\theta}\right\}\left(\frac{1}{2}\sin\theta\cos\alpha-z'_\theta\sin\alpha\right)\right]d\theta$$

$$= \int_0^{2\pi}\frac{(\sin\theta+2z)^2[\sin(\theta-\alpha)+\sin\alpha]^2(\sin\theta\cos\alpha-2z'_\theta\sin\alpha)}{8(z'_\theta)^2\sin^2\theta+2\sin^4\theta}d\theta \tag{7.54}$$

这是升力系数的一般计算公式。显然,当翼型函数 $z=y(\theta)$ 确定后,升力系数仅是攻角的函数。将翼型函数及其导数代入其中,积分后可获得不同攻角的升力值。

为验证式(7.54)的正确性,下面采用布拉休斯(Blasius)公式推导升力系数。设翼型型线为 S,沿翼弦方向的力为 Y,垂直于翼弦方向的力为 Z,由布拉休斯公式,有

$$Y - iZ = i\frac{1}{2}\rho\oint_S\left(\frac{dw}{dh}\right)^2dz = i\frac{1}{2}\rho U^2\oint_S(\bar{v}_y-i\bar{v}_z)^2(dy+idz)$$

$$= i\frac{1}{2}\rho U^2\oint_S(\bar{v}_y^2-\bar{v}_z^2-i2\bar{v}_y\bar{v}_z)(1+iz'_y)dy$$

$$= -\frac{1}{2}\rho U^2\oint_S(\bar{v}_y^2z'_y-\bar{v}_z^2z'_y-2\bar{v}_y\bar{v}_z)dy - i\frac{1}{2}\rho U^2\oint_S(-\bar{v}_y^2+\bar{v}_z^2-2\bar{v}_y\bar{v}_zz'_y)dy \tag{7.55}$$

所以

$$Z = \frac{1}{2}\rho U^2\oint_S(-\bar{v}_y^2+\bar{v}_z^2-2z'_y\bar{v}_y\bar{v}_z)dy = \frac{1}{2}\rho U^2\oint_S[-(\bar{v}_y^2+\bar{v}_z^2)]dy$$

$$= \frac{1}{2}\rho U^2\int_0^{2\pi}\frac{(\sin\theta+2z)^2[\sin(\theta-\alpha)+\sin\alpha]^2}{4(z'_\theta)^2\sin^2\theta+\sin^4\theta}\frac{\sin\theta}{2}d\theta$$

$$= \frac{1}{2}\rho U^2\int_0^{2\pi}\frac{(\sin\theta+2z)^2[\sin(\theta-\alpha)+\sin\alpha]^2}{8(z'_\theta)^2\sin\theta+2\sin^3\theta}d\theta \tag{7.56}$$

$$Y = -\frac{1}{2}\rho U^2 \oint_S (\bar{v}_y^2 z'_y - \bar{v}z^2 z'_y - 2\bar{v}_y \bar{v}_z)\mathrm{d}y = \frac{1}{2}\rho U^2 \oint_S (\bar{v}_y^2 + \bar{v}_z^2)z'_x \mathrm{d}y$$

$$= \frac{1}{2}\rho U^2 \int_0^{2\pi} \frac{(\sin\theta + 2z)^2 [\sin(\theta - \alpha) + \sin\alpha]^2}{4(z'_\theta)^2 \sin^2\theta + \sin^4\theta} z'_\theta \mathrm{d}\theta \tag{7.57}$$

垂直于来流方向的升力 L 为

$$L = Z\cos\alpha - Y\sin\alpha \tag{7.58}$$

所以升力系数为

$$C_L = \frac{1}{\frac{1}{2}\rho U^2}(Z\cos\alpha - Y\sin\alpha)$$

$$= \int_0^{2\pi} \frac{(\sin\theta + 2z)^2 [\sin(\theta - \alpha) + \sin\alpha]^2 \cos\alpha}{8(z'_\theta)^2 \sin\theta + 2\sin^3\theta}\mathrm{d}\theta$$

$$- \int_0^{2\pi} \frac{(\sin\theta + 2z)^2 [\sin(\theta - \alpha) + \sin\alpha]^2 z'_\theta \sin\alpha}{4(z'_\theta)^2 \sin^2\theta + \sin^4\theta}\mathrm{d}\theta$$

$$= \int_0^{2\pi} \frac{(\sin\theta + 2z)^2 [\sin(\theta - \alpha) + \sin\alpha]^2 (\sin\theta\cos\alpha - 2z'_\theta \sin\alpha)}{8(z'_\theta)^2 \sin^2\theta + 2\sin^4\theta}\mathrm{d}\theta \tag{7.59}$$

此结果与式(7.54)完全相同,可见用两种方法推导的结果一致。

将前述微弯翼型公式(7.52)代入式(7.54)或式(7.59),可得绕流升力计算值,结果如图 7.16 中的理想流体理论计算值曲线所示,图中还给出了雷诺数为 4.3×10^5 的实际流体由 Profili 软件数值计算的结果,以便比较。

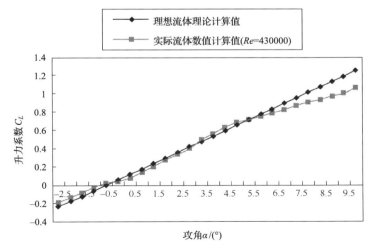

图 7.16　升力系数理论计算与数值计算曲线比较

从图 7.16 可以看出,在雷诺数为 4.3×10^5 时,较低攻角理论计算值与数值计算值比较接近,攻角较大时实际流体的升力系数有下降的趋势,原因是黏性作用的结果:上、下型线的边界层位移厚度不一样,其效果等于改变了翼型的中弧线及后缘位置,从而改小了有效的攻角值,在攻角较大时偏移的情况更明显。

实际流体沿翼型流动,在翼型表面附近存在边界层,边界层的外部流速目前基本采用势流理论计算。边界层内部的流动十分复杂,既有层流,又有湍流,目前基本采用数值方法进行计算,解析方法遇到巨大困难,至少目前还无法给出解析解。一种可探讨的方案是用经验公式获得近似解,但这也需要长时间的研究才能得到结果,这项工作留待以后探讨。

7.3　函数翼型及绕流计算的应用问题

7.3.1　翼型表达式的扩展问题

需要说明的是,压力分布计算公式(7.45)和升力系数计算公式(7.54)或式(7.59)具有更宽的应用范围,并不完全受式(7.28)的限制(因为 z 的具体表达式并未代入公式中),如果能找到更好的翼型表达式,式(7.28)仍然可以使用,只要满足单闭条件和 y 的表达方式不变即可(因为 y 的具体表达式已代入公式中),因此式(7.28)可理解为符合该条件的一个翼型函数示例。

这里再给出另外一个翼型函数示例,即

$$\begin{cases} y = \dfrac{1}{2}\cos\theta \\ z = p(1-\cos\theta)^a(1+\cos\theta)^b + q\sin\theta(1-c\cos\theta)(1+d\cos\theta) \end{cases} \tag{7.60}$$

式中, c 、 d 是小于1的正数,由 c 调整最大厚度的前后位置,由 d 调整后缘光滑程度,表7.6给出了由该函数表示的8个翼型形状示例。显然,这个函数能比较简单地表达具有光滑后缘的翼型。

表 7.6　由参数方程确定的翼型形状示例

由参数方程(7.60)生成的翼型形状

（a）　　　　　　（b）　　　　　　（c）　　　　　　（d）

（e）　　　　　　（f）　　　　　　（g）　　　　　　（h）

表 7.7 给出了由式(7.60)定义的函数翼型的 8 个压力分布示例图。图中上、下方的压力分布线分别对应翼型上、下型线的相应位置,因此压力分布的坐标用负压力系数表示。

表 7.7　不同函数翼型及其压力分布示例

函数翼型形状及由解析法计算得到的压力分布环视图

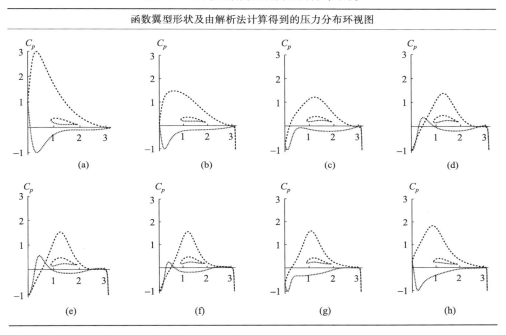

显然,不论翼型用何种形式表达,通过式(7.45)和式(7.54),均可以分别计算出压力分布和升力大小。可以看出,翼型函数中的参数变化,决定了压力分布和升力大小,这样就在参数和性能之间建立了一一对应的函数关系。

对于风力机翼型,也可采用参数表达式进行逼近,作为示例,这里给出 DU 91-W2-250 风力机翼型的参数表达式逼近曲线:

$$\begin{cases} y = \dfrac{1}{2}\cos\theta \\ z = 0.011(1-\cos\theta)^{0.6}(1+\cos\theta)^{2.6} + 0.1\sin\theta(1-\cos\theta)^{1.3}(1+\cos\theta)^{0.26} \end{cases}$$

$$(7.61)$$

参数表达式的逼近曲线如图 7.17 所示。

风力机翼型用参数表达式逼近后即可采用上述解析法计算速度、压力分布和升力系数,还可将函数图形或微调后的函数图形代入 XFOIL 等软件进行数值计算,并求得升力、阻力和升阻比。

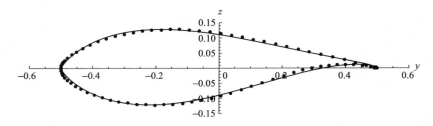

图 7.17　　DU 91-W2-250 风力机翼型的参数表达式逼近曲线

7.3.2　翼型解析计算的主要用途

翼型解析计算的主要用途包括以下几类。

（1）理论计算。对于实际流体,翼型附近存在边界层,但边界层外部的流体可视为理想流体,速度和压力分布可按势流理论计算,本节提供了解析计算方法,说明函数翼型绕流解析计算方法可用于理论计算。

（2）性能分析。解析计算法适用于理想流体的绕流计算,对于实际流体会产生一些误差。然而误差的产生并不严重妨碍对性能的定性分析,就是说性能的变化趋势是基本一致的,因此解析法可用于性能估算和定性分析。

（3）翼型初步设计。翼型边界层位移厚度的存在,实际上相当于改变了翼型的形状（虽然变化很小）,所以解析计算的结果只能在分析问题时作为参考,或者用于性能的初步估算值。由于翼型对理想流体的升力大小与对实际流体的升力大小正相关,考虑到解析计算比数值计算更简单、快速,所以可将解析法用于初始设计和分析,例如,可用解析法快速寻找性能较好的翼型,然后用数值法计算实际流体流场,如此可减少流场计算次数,提高计算效率,最后再用实验法进行验证。

用解析法快速进行初步设计或分析,可通过以下步骤进行。

（1）按参考翼型的形状给出逼近该翼型的函数;

（2）确定函数中各常数的变化范围和步长（考虑约束条件）;

（3）对各常数的每个变化值对升力系数的影响进行计算;

（4）记录最大升力系数及其对应的常数值;

（5）按最大升力系数对应的常数值确定翼型。

利用计算机对解析公式进行计算和比较,由于不必划分网格,所以其速度比对流场的数值计算快得多。

风力机叶片外侧对功率影响很大（参见 8.1 节）,此处翼型的升阻比是关键因素,因此翼型的升阻比应是设计目标,所以还需设法对阻力进行验算。但是风力机叶片内侧的翼型需要最大升力性能,更适合使用解析法进行初步设计。

7.3.3 翼型表达式的局限性

本章建立的翼型表达式可用有限个常数表达众多翼型,常数的几何意义十分明确,因此容易调整翼型的局部形状和整体形状,在参数化设计方面占据一定优势。由于函数表达式简单,还可用以快速生成翼型图像,使得逼近已有翼型的工作变得简单易行,也为绘制叶片的三维图像打下了基础。

然而翼型表达式也有一定的局限性。翼型函数来自于对茹科夫斯基翼型的简化和扩展定义,因此不可避免地会带有茹科夫斯基翼型族的一些共同特征。茹科夫斯基翼型族可通过保角变换的方法得到,在势流理论中得到深入研究,具有很高的理论价值,然而在工程实践中应用较少,主要问题是该翼型族具有钝厚的前缘和尖锐的后缘,前者符合大多数翼型设计的要求,但后者几乎是任何类型流体机械都不允许的。对尖锐后缘问题,已给出了光滑后缘翼型型线的函数构造法,但代价是翼型函数多出了一个厚度项,变得复杂了一些。虽然翼型表达式带有茹科夫斯基翼型族的一些特征,但是由于进行了扩展定义,拓宽了常数的取值范围,在一定程度上摆脱了茹科夫斯基翼型族的一些特征的束缚,从而增大了子翼型族的范围。

翼型表达式的另一个局限性是,它只是总的翼型族中的一个子翼型族。在这个子翼型族中,虽然通过常数赋值可以得到无穷多形态的翼型,但难以精确地表达另一子翼型族中的翼型,包括风力机翼型。对于所有子翼型族来说,这个问题都是难免的,如前面提到的美国 NACA 翼型族、瑞典 FFA-W 翼型族和荷兰 DU 翼型族,都自成系列,各自都有自身明显的特征。从翼型产生的一百多年来,人类还无法用一个参数表达式表示全部翼型,虽然用多项式和级数方法进行过很多尝试,但也只能给出近似表达式,在翼型设计中这种表达式又很难发挥作用,因为表达式中的常数没有明确的几何意义,常数值的变化会使翼型形状发生难以预测的、往往是全局性的变化,所以即使表示"静态的"翼型也很少被采用。

总之,本书给出的翼型表达式,在它自身的翼型族内可以方便、快速地生成精确的翼型型线,而对于其他子翼型族的翼型,只能用以逼近来生成近似的表达式,对于不同类型的翼型,近似的程度也会有很大差异。

7.4 本 章 小 结

本章将茹科夫斯基翼型型线表达式简化为中弧线-厚度函数表示的解析式,利用其结构简单的特点进一步扩展了常数范围,提出了中弧线-厚度函数解析构造法,给出了通过调整常数大小生成众多不同翼型形状的简单方法,适合在翼型设计优化过程中使用。本章还对复杂翼型,特别是后缘光滑翼型给出了解析构造函数,避免了采用叠加多项式带来的诸多麻烦和困难。更进一步,本章还给出了一种翼型型线单闭参数表达式,通过调整几何意义明确的常数值,可以对众多翼型形状进行解析表达,且用同一个公式即可表示上、下两条型线,大大简化了后续计算过程。可以看出,复杂翼型的几何形状可通过有限个常数的解析函数表达,这些常数不仅数量少,具有明确的几何意义,而且使用方便,便于调整翼型的局部形状。

本章还分析了翼型表达式和解析计算法的理论和工程应用问题。通过改变表达式的结构形式,还可以进一步扩展翼型表达的范围,或者生成新的子翼型族。在翼型表达式自身的翼型族内,可以生成精确的翼型,并能应用势流理论进行解析计算。在翼型初步设计时,通过逼近已有翼型能够生成近似的翼型表达式,通过常数赋值的变化生成新的翼型,通过解析计算初步估算性能,然后通过更精确的数值计算或实验验算性能,达到简化设计过程的目的。

本章通过推导翼型压力分布公式,提出了以方位角为自变量的环视图概念,有效地解决了翼型前缘部位压力分布图示不清的问题。对于给定的函数翼型,用压力分布积分法和布拉休斯公式两种方法推导出升力系数相同的计算公式,相互给予了验证。

翼型函数中的常数值的变化趋势可以反映形状的变化趋势。本章又在形状和性能之间建立了关联表达式,确立了形状对性能影响的函数关系,这对研究翼型绕流的内在规律有重要的理论意义。

第8章 对理想叶片的简化分析

第 3 章按功率最大化原则给出了叶片的理想结构。然而这仅是理论上的探讨,难以付诸实践,因为现实情况对风力机提出了大量设计要求[68],特别是理想叶片的形状十分复杂,难以加工制造,强度等性能也不能满足实际流体环境的需要。本章及后续章节将系统地探讨理想叶片的实用化问题,即在理想叶片结构的基础上简化叶片形状,采用的主要方法是用弦长的直线分布形式去近似弦长的曲线分布规律,以尽量减少功率损耗为原则。本章还将对简化叶片所组成的风力机稳定运行时的性能进行全面分析,以说明这种近似方法的可行性和合理性。

8.1 叶片弦长和扭角的简化

8.1.1 简化目的和原则

除翼型外,叶片结构主要包括弦长和扭角。理想弦长公式为

$$\frac{C}{R} = \frac{16\pi}{9B} \frac{x}{\left[\left(\lambda_t x + \frac{2}{9\lambda_t x}\right)C_L + \frac{2}{3}C_D\right]\sqrt{\left(\lambda_t x + \frac{2}{9\lambda_t x}\right)^2 + \left(\frac{2}{3}\right)^2}} \tag{8.1}$$

如果升力系数 C_L 和阻力系数 C_D 沿翼展保持恒定值,那么弦长曲线就非常复杂,加工制造十分困难。重新调整升力系数 C_L 和阻力系数 C_D 的分布,有可能使弦长曲线简单一些,这就意味着要调整攻角,即必须调整扭角使攻角发生预期的变化。但是这一步骤必须首先从弦长曲线的简化开始,用反推的方法实现。

叶片结构简化的主要目的是在尽量减少功率损耗的前提下降低加工制造的难度。直线弦长最易加工制造,而扭角越小越容易制造。曲线弦长变为直线弦长能大幅度降低加工难度,而扭角的变化不会对加工难度产生明显的影响,在这两者之间存在相互影响的情况下,显然应该优先考虑弦长曲线的简化,然后再考虑对扭角的影响。

在设计时一般将翼型弦长的前缘和后缘沿展向设计成直线,即将叶片的平面形状设计为梯形,靠近叶根部位较宽,靠近叶梢部位较窄,这样的设计有利于加工制造和保持性能。简化后相对弦长的表达式是一直线,可以表示为

$$\frac{C}{R} = C_r + kx \tag{8.2}$$

式中，C_r 和 k 均为常数。这里的弦长表达式是一个通式，需要给出其中的两个参数 C_r 和 k 的值或具体方法。这两个参数不可任意设定，否则可能造成叶片处于严重失速状态，还有可能造成效率的严重降低，或最高效率点偏离设计尖速比太远。

简化弦长的原则是尽量减少功率的损耗，这就需要考察叶片每个径向位置对功率的影响情况。下面以平板翼型为例进行分析。根据式（6.50），平板翼型理想风力机功率系数的计算公式为

$$C_P = \frac{16}{9} \int_0^1 \frac{\lambda_t x^2 \left[\frac{2}{3} \cdot 2\pi \sqrt{C_f} - \left(\lambda_t x + \frac{2}{9\lambda_t x} \right) \cdot 4C_f \right]}{\left(\lambda_t x + \frac{2}{9\lambda_t x} \right) \cdot 2\pi \sqrt{C_f} + \frac{2}{3} \cdot 4C_f} \mathrm{d}x$$

$$= \int_0^1 \frac{16}{9} \frac{\lambda_t x^2 \left[\frac{\pi}{3} - \left(\lambda_t x + \frac{2}{9\lambda_t x} \right) \sqrt{C_f} \right]}{\frac{\pi}{2} \left(\lambda_t x + \frac{2}{9\lambda_t x} \right) + \frac{2}{3} \sqrt{C_f}} \mathrm{d}x \tag{8.3}$$

其中被积函数为

$$\frac{\mathrm{d}C_P}{\mathrm{d}x} = \frac{16}{9} \frac{\lambda_t x^2 \left[\frac{\pi}{3} - \left(\lambda_t x + \frac{2}{9\lambda_t x} \right) \sqrt{C_f} \right]}{\frac{\pi}{2} \left(\lambda_t x + \frac{2}{9\lambda_t x} \right) + \frac{2}{3} \sqrt{C_f}} \tag{8.4}$$

现在观察被积函数沿展向的分布，如图 8.1 所示。

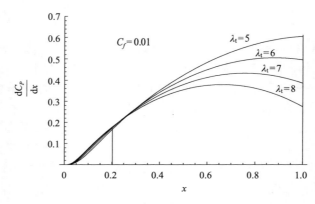

图 8.1 功率系数被积函数沿展向的分布

理想风力机的功率系数就是设计尖速比对应曲线下方的面积。从图中可以看出以下两点。

（1）叶片外侧对功率的贡献比内侧大得多，因此叶梢附近的弦长曲线不能轻易更改。

（2）叶根部[0，0.2]范围内曲线包围的面积（即该段贡献的功率系数）仅为 0.015 左右，与总面积相比是个小量，可以忽略。因此叶片根部的弦长大小不重要，只要能达到强度要求即可。

弦长曲线应该根据以上特点进行简化。

8.1.2　阻力系数对弦长的影响

由式(3.17)，理想弦长表达式为

$$C = \frac{16\pi r}{9B} \frac{1}{\left[\left(\lambda + \dfrac{2}{9\lambda}\right)C_L + \dfrac{2}{3}C_D\right]\sqrt{\left(\lambda + \dfrac{2}{9\lambda}\right)^2 + \left(\dfrac{2}{3}\right)^2}} \tag{8.5}$$

忽略阻力系数的弦长公式为

$$C' = \frac{16\pi r}{9B} \frac{1}{C_L\left(\lambda + \dfrac{2}{9\lambda}\right)\sqrt{\left(\lambda + \dfrac{2}{9\lambda}\right)^2 + \left(\dfrac{2}{3}\right)^2}} \tag{8.6}$$

相对误差为

$$\frac{C' - C}{C} = \frac{\left(\lambda + \dfrac{2}{9\lambda}\right)C_L + \dfrac{2}{3}C_D}{\left(\lambda + \dfrac{2}{9\lambda}\right)C_L} - 1 = \frac{\dfrac{2}{3}C_D}{\left(\lambda + \dfrac{2}{9\lambda}\right)C_L}$$

$$\leqslant \frac{\dfrac{2}{3}C_D}{\left(2\sqrt{\lambda} \cdot \sqrt{\dfrac{2}{9\lambda}}\right)C_L} = \frac{C_D}{\sqrt{2}C_L} = \frac{1}{\sqrt{2}\zeta} \leqslant \frac{1}{\zeta} \tag{8.7}$$

可见，相对误差小于升阻比的倒数，说明计算弦长时可忽略阻力系数的影响。因此，弦长曲线可写成

$$\frac{C}{R} = \frac{16\pi}{9B} \frac{x}{C_L\left(\lambda_t x + \dfrac{2}{9\lambda_t x}\right)\sqrt{\left(\lambda_t x + \dfrac{2}{9\lambda_t x}\right)^2 + \left(\dfrac{2}{3}\right)^2}} \tag{8.8}$$

8.1.3　弦长曲线的简化方法

确定简化弦长公式，仍然应当以理想弦长为基础。理想弦长曲线虽然复杂，但是在叶梢部位曲线变化缓慢，容易用直线代替。叶根部位曲线曲率变化很大，但是由于叶根部位扫风面积小，对功率贡献小，所以叶根部位的弦长可以用叶梢部位的直线的延长线表示，附带的好处是可以省去叶根部位的很多材料，降低叶片的总重量。这种近似损失的功率很小，稍微增加叶片的长度就可以补偿功率的损失（但补

偿不了功率系数的损失)。

用弦长的直线表达式代替理想弦长的曲线表达式是一种近似的方法,所以直线表达式肯定会有不同的形式。这里给出一种切线方法。

首先对理想弦长曲线进行化简。对于式(3.18),由于阻力系数小于升力系数一个数量级,将之忽略;高速风力机的尖速比一般很大,其倒数所在项与相邻项相比也小一个数量级,可以忽略,因此有

$$\frac{C}{R} = \frac{16\pi}{9B} \frac{x}{\left[\left(\lambda_t x + \frac{2}{9\lambda_t x}\right)C_L(\alpha_b) + \frac{2}{3}C_D(\alpha_b)\right]\sqrt{\left(\lambda_t x + \frac{2}{9\lambda_t x}\right)^2 + \left(\frac{2}{3}\right)^2}}$$

$$\approx \frac{16\pi}{9BC_L(\alpha_b)\lambda_t^2 x} \tag{8.9}$$

当尖速比较大时,简化前后的曲线在叶梢部位十分接近,这种简化方式符合尽量不更改叶梢弦长曲线的原则。根据上式定义一个新的参量,即

$$y = \frac{CB\,C_L(\alpha_b)\lambda_t^2}{2\pi R} = \frac{8}{9x} \tag{8.10}$$

该参量曲线的切线斜率为

$$k = \frac{\mathrm{d}y}{\mathrm{d}x} = -\frac{8}{9x^2} \tag{8.11}$$

当切点确定后,就能得到斜率的具体数值。切点应取在叶片产生最大功率附近,可对式(8.9)求导数找到最大功率发生位置。为分析最细叶片(最节省材料的叶片)对性能的影响,在叶梢附近取切点,令

$$x = \sqrt{8/9} \tag{8.12}$$

得

$$y = \sqrt{8/9}, \quad k = -1 \tag{8.13}$$

过叶梢附近的$(\sqrt{8/9}, \sqrt{8/9})$点,斜率为-1的切线方程为

$$y = 4\sqrt{2}/3 - x \tag{8.14}$$

对应的曲线和切线图形如图8.2所示。

式(8.14)可进一步近似地表示为

$$\frac{BCC_L(\alpha_b)\lambda_t^2}{2\pi R} = 2 - x \tag{8.15}$$

变换公式的形式,得到相对弦长曲线的直线近似式为

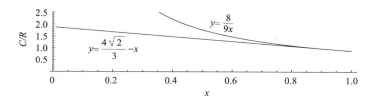

图 8.2　曲线简化的切线方法示例

$$\frac{C}{R} = \frac{2\pi(2-x)}{BC_L(\alpha_b)\lambda_t^2} \tag{8.16}$$

这是适用于任何翼型的一种简化弦长公式。当叶片数、最佳攻角的升力值和设计尖速比给定后,简化弦长公式就能完全确定。从式(8.16)可以看出叶根附近的弦长约为叶尖附近弦长的 2 倍。8.2 节将对其性能进行计算,计算示例表明,在最佳运行状态下其性能与理想叶片的性能十分接近。

以平板翼型叶片为例观察其具体形状。平板翼型最佳攻角的升力系数为

$$C_L(\alpha_b) = 2\pi\sin\alpha_b = 2\pi\sqrt{C_f} \tag{8.17}$$

代入式(8.16),得

$$\frac{C}{R} = \frac{2\pi(2-x)}{BC_L(\alpha_b)\lambda_t^2} = \frac{2-x}{B\lambda_t^2\sqrt{C_f}} \tag{8.18}$$

令叶片数 $B=3$,设计尖速比 $\lambda_t=8$,摩擦阻力系数的 $1/2$ 为 $C_f=0.01$,则直线弦长表达式为

$$\frac{C}{R} = \frac{2-x}{B\lambda_t^2\sqrt{C_f}} = \frac{2-x}{3\times 8^2\sqrt{0.01}} = 0.052(2-x) \tag{8.19}$$

与此弦长公式对应的理想弦长表达式为

$$\frac{C}{R} = \frac{8\pi}{9B}\frac{x}{\left[\pi\sqrt{C_f}\left(\lambda_t x + \frac{2}{9\lambda_t x}\right) + \frac{4}{3}C_f\right]\sqrt{\left(\lambda_t x + \frac{2}{9\lambda_t x}\right)^2 + \left(\frac{2}{3}\right)^2}}$$

$$= \frac{8\pi}{9\times 3}\frac{x}{\left[\pi\sqrt{0.01}\left(8x + \frac{2}{9\times 8x}\right) + \frac{4}{3}\times 0.01\right]\sqrt{\left(8x + \frac{2}{9\times 8x}\right)^2 + \left(\frac{2}{3}\right)^2}} \tag{8.20}$$

理想弦长和简化弦长沿翼展的分布图形如图 8.3 所示。

可见本章给出的简化弦长是一条切点在叶梢内侧的切线。

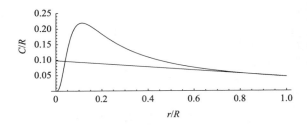

图 8.3　平板翼型理想弦长和简化弦长沿翼展的分布

8.1.4　叶片升力和阻力分布

　　弦长发生变化后，不再符合叶素-动量定理，叶片不会工作在设计工况，因此需要重新调整升力系数沿展向的分布，调整的方法是使升力系数符合由叶素-动量定理推导的弦长公式，但需要反算升力系数，由升力系数得到相应的攻角，再计算出扭角的变化。由式(8.8)得升力系数的重新分布表达式(忽略阻力系数的影响)为

$$C_L(x) = \frac{16\pi}{9B} \frac{\dfrac{r}{R}}{\left(\dfrac{C}{R}\right)\left(\lambda + \dfrac{2}{9\lambda}\right)\sqrt{\left(\lambda + \dfrac{2}{9\lambda}\right)^2 + \left(\dfrac{2}{3}\right)^2}} \tag{8.21}$$

式中，相对弦长 C/R 可以是用任何简化方法得到的表达式。该式由叶素-动量定理推导而来(参见 3.4 节)，如果新的扭角或攻角产生的升力系数符合该式，那么修正过的弦长和扭角就会符合叶素-动量定理，并且不会改变设计工况(设计尖速比不变)。与已知扭角求解理想弦长的匹配过程相反，这里升力系数的重新分布意味着以弦长为基准通过调整升力和攻角，最终调整扭角，这将使弦长和扭角匹配以满足设计工况的要求。

　　以简化叶片为例，将式(8.16)代入式(8.21)中，得

$$
\begin{aligned}
C_L(x) &= \frac{16\pi}{9B} \frac{\dfrac{r}{R}}{\left(\dfrac{C}{R}\right)\left(\lambda + \dfrac{2}{9\lambda}\right)\sqrt{\left(\lambda + \dfrac{2}{9\lambda}\right)^2 + \left(\dfrac{2}{3}\right)^2}} \\
&= \frac{16\pi}{9B} \frac{x}{\dfrac{2\pi(2-x)}{BC_L(\alpha_b)\lambda_t^2}\left(\lambda_t x + \dfrac{2}{9\lambda_t x}\right)\sqrt{\left(\lambda_t x + \dfrac{2}{9\lambda_t x}\right)^2 + \left(\dfrac{2}{3}\right)^2}} \\
&= \frac{8}{9} \frac{C_L(\alpha_b)\lambda_t^2 x}{(2-x)\left(\lambda_t x + \dfrac{2}{9\lambda_t x}\right)\sqrt{\left(\lambda_t x + \dfrac{2}{9\lambda_t x}\right)^2 + \left(\dfrac{2}{3}\right)^2}}
\end{aligned}
\tag{8.22}
$$

由此可以得到设计工况所要求的最佳升力系数沿展向的分布曲线。

对于平板翼型

$$C_L(x) = \frac{16\pi}{9} \frac{\sqrt{C_f}\lambda_t^2 x}{(2-x)\left(\lambda_t x + \dfrac{2}{9\lambda_t x}\right)\sqrt{\left(\lambda_t x + \dfrac{2}{9\lambda_t x}\right)^2 + \left(\dfrac{2}{3}\right)^2}} \tag{8.23}$$

在性能计算时还需要用到阻力分布。升力和阻力都是攻角的函数,消除攻角可以直接得到阻力系数的分布公式。例如,对于平板翼型风力机叶片,由式(6.26)、式(6.6)和式(8.23)可得阻力系数分布函数为

$$C_D(x) = 2C_f + 2\sin^2\alpha(x) = 2C_f + 2\left[\frac{C_L(x)}{2\pi}\right]^2$$

$$= 2C_f + \frac{1}{2\pi^2}\left[\frac{16\pi}{9} \frac{\sqrt{C_f}\lambda_t^2 x}{(2-x)\left(\lambda_t x + \dfrac{2}{9\lambda_t x}\right)\sqrt{\left(\lambda_t x + \dfrac{2}{9\lambda_t x}\right)^2 + \left(\dfrac{2}{3}\right)^2}}\right]^2$$

$$= 2C_f + \frac{128}{81} \frac{C_f\lambda_t^4 x^2}{(2-x)^2\left(\lambda_t x + \dfrac{2}{9\lambda_t x}\right)^2\left[\left(\lambda_t x + \dfrac{2}{9\lambda_t x}\right)^2 + \left(\dfrac{2}{3}\right)^2\right]} \tag{8.24}$$

8.1.5　叶片攻角和扭角分布

理想叶片的攻角处处等于最佳攻角,为常数。简化叶片的攻角则不同,需要随升力分布的不同而改变。升力分布公式为

$$C_L(x) = 2\pi\sin\alpha(x) \tag{8.25}$$

由式(8.25)和式(8.22)可得所需的沿展向分布的攻角表达式为

$$\alpha(x) = \arcsin \frac{4C_L(\alpha_b)\lambda_t^2 x}{9\pi(2-x)\left(\lambda_t x + \dfrac{2}{9\lambda_t x}\right)\sqrt{\left(\lambda_t x + \dfrac{2}{9\lambda_t x}\right)^2 + \left(\dfrac{2}{3}\right)^2}} \tag{8.26}$$

对于平板翼型叶片,由式(8.23)和式(8.25)可得攻角表达式为

$$\alpha(x) = \arcsin \frac{8\sqrt{C_f}\lambda_t^2 x}{9(2-x)\left(\lambda_t x + \dfrac{2}{9\lambda_t x}\right)\sqrt{\left(\lambda_t x + \dfrac{2}{9\lambda_t x}\right)^2 + \left(\dfrac{2}{3}\right)^2}} \tag{8.27}$$

对应不同尖速比的平板翼型攻角沿展向的分布曲线如图 8.4 所示。

根据式(3.11)和式(8.27),求得扭角沿展向的分布为

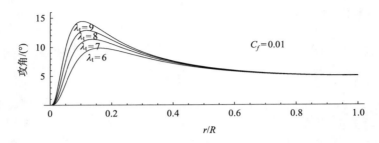

图 8.4　简化叶片的攻角沿展向的重新分布曲线

$$\beta(x) = \varphi(x) - \alpha(x)$$

$$= \arctan\frac{6\lambda_t x}{9\lambda_t^2 x^2 + 2} - \arcsin\frac{4C_L(\alpha_b)\lambda_t^2 x}{9\pi(2-x)\left(\lambda_t x + \dfrac{2}{9\lambda_t x}\right)\sqrt{\left(\lambda_t x + \dfrac{2}{9\lambda_t x}\right)^2 + \left(\dfrac{2}{3}\right)^2}}$$

$$(8.28)$$

对于平板翼型叶片，扭角沿展向的分布为

$$\beta(x) = \arctan\frac{6\lambda_t x}{9\lambda_t^2 x^2 + 2} - \arcsin\frac{8\sqrt{C_f}\lambda_t^2 x}{9(2-x)\left(\lambda_t x + \dfrac{2}{9\lambda_t x}\right)\sqrt{\left(\lambda_t x + \dfrac{2}{9\lambda_t x}\right)^2 + \left(\dfrac{2}{3}\right)^2}}$$

$$(8.29)$$

当 $C_f = 0.01$ 时，扭角随设计尖速比的变化沿展向分布的曲线如图 8.5 所示。由图可以看出，简化叶片在叶根部的扭角仍然很大，但是比升力系数为常数的理想叶片的扭角要低一些。

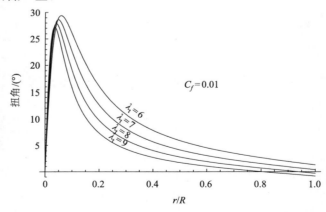

图 8.5　简化叶片的扭角沿展向的重新分布曲线

图 8.6 给出了入流角、修正后的攻角和扭角的相互关系。

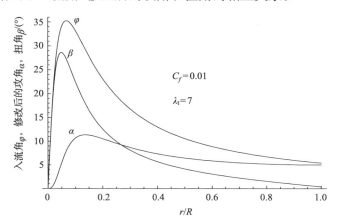

图 8.6　简化叶片的入流角、攻角和扭角相互关系

由于在最大入流角附近的攻角比叶梢附近切点处的攻角大了一些,使简化后的最大扭角变小,更容易加工制造。

8.1.6　简化叶片的外形示例

简化叶片的结构形态由叶片函数确定,该函数包含了三个子函数:弦长函数、扭角函数和翼型函数。一个简化叶片结构的示例如图 8.7 所示,其弦长函数由式(8.19)定义,扭角函数由式(8.28)确定,翼型函数可用实际翼型的解析表达式表示(参见第 7 章)。

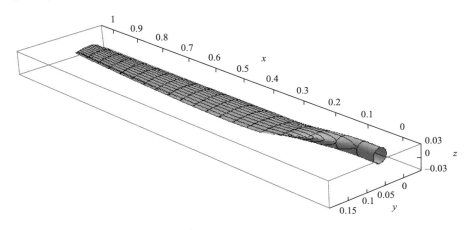

图 8.7　设置了叶根的简化叶片立体图

叶根的设置方法及由函数生成叶片的方法将在第 12 章讨论。

本节在理想叶片结构的基础上得到一个弦长曲线为直线的简化叶片,给出了弦长和扭角的公式,8.2节将对该简化叶片所组成的风力机稳定运行时的性能进行全面分析,以说明这种近似方法的可行性和合理性。

8.2　简化叶片风力机的性能

8.1节给出了叶片简化的方法和示例,下面对得到的全新结构叶片组成的风力机的性能进行计算,并与理想风力机的性能进行比较。

8.2.1　功率性能

将简化叶片弦长公式(8.16)代入功率系数公式(2.17),得功率系数为

$$
\begin{aligned}
C_P &= \frac{B}{\pi}\int_0^1 \lambda_t x\left(\frac{C}{R}\right)\left[\frac{2}{3}C_L - \left(\lambda_t x + \frac{2}{9\lambda_t x}\right)C_D\right]\sqrt{\left(\lambda_t x + \frac{2}{9\lambda_t x}\right)^2 + \left(\frac{2}{3}\right)^2}\,\mathrm{d}x \\
&= \frac{B}{\pi}\int_0^1 \lambda_t x\left[\frac{2\pi(2-x)}{BC_L(\alpha_b)\lambda_t^2}\right]\sqrt{\left(\lambda_t x + \frac{2}{9\lambda_t x}\right)^2 + \left(\frac{2}{3}\right)^2}\left[\frac{2}{3}C_L(x) - \left(\lambda_t x + \frac{2}{9\lambda_t x}\right)C_D(x)\right]\mathrm{d}x \\
&= \int_0 \frac{2(2-x)x}{C_L(\alpha_b)\lambda_t}\sqrt{\left(\lambda_t x + \frac{2}{9\lambda_t x}\right)^2 + \left(\frac{2}{3}\right)^2}\left[\frac{2}{3}C_L(x) - \left(\lambda_t x + \frac{2}{9\lambda_t x}\right)C_D(x)\right]\mathrm{d}x
\end{aligned}
$$

$$(8.30)$$

这是对任何翼型都适用的功率系数计算公式。式中弦长曲线表达式内的升力系数是最佳攻角对应的升力系数,但其他升力和阻力系数是弦长变化后按叶素-动量理论重新计算的系数。以平板翼型为例,将其升力系数分布公式(8.23)、阻力系数分布公式(8.24)和最佳攻角升力系数公式(6.34)代入上式,得功率系数为

$$
\begin{aligned}
C_P = &\int_0^1 \frac{2(2-x)x}{2\pi\sqrt{C_f}\lambda_t}\sqrt{\left(\lambda_t x + \frac{2}{9\lambda_t x}\right)^2 + \left(\frac{2}{3}\right)^2}\cdot\frac{2}{3} \\
&\cdot\frac{16\pi}{9}\frac{\sqrt{C_f}\lambda_t^2 x}{(2-x)\left(\lambda_t x + \frac{2}{9\lambda_t x}\right)\sqrt{\left(\lambda_t x + \frac{2}{9\lambda_t x}\right)^2 + \left(\frac{2}{3}\right)^2}}\,\mathrm{d}x \\
&-\int_0^1 \frac{2(2-x)x}{2\pi\sqrt{C_f}\lambda_t}\sqrt{\left(\lambda_t x + \frac{2}{9\lambda_t x}\right)^2 + \left(\frac{2}{3}\right)^2}\cdot\left(\lambda_t x + \frac{2}{9\lambda_t x}\right) \\
&\cdot\left\{2C_f + \frac{128}{81}\frac{C_f\lambda_t^4 x^2}{(2-x)^2\left(\lambda_t x + \frac{2}{9\lambda_t x}\right)^2\left[\left(\lambda_t x + \frac{2}{9\lambda_t x}\right)^2 + \left(\frac{2}{3}\right)^2\right]}\right\}\mathrm{d}x
\end{aligned}
$$

$$
= \int_0^1 \left[\frac{32}{27} \frac{\lambda_t x^2}{\left(\lambda_t x + \frac{2}{9\lambda_t x} \right)} - \frac{2\sqrt{C_f}}{\pi\lambda_t} x(2-x) \left(\lambda_t x + \frac{2}{9\lambda_t x} \right) \sqrt{ \left(\lambda_t x + \frac{2}{9\lambda_t x} \right)^2 + \left(\frac{2}{3} \right)^2 } \right.
$$

$$
\left. \cdot \left\{ 1 + \frac{64}{81} \frac{\lambda_t^4 x^2}{(2-x)^2 \left(\lambda_t x + \frac{2}{9\lambda_t x} \right)^2 \left[\left(\lambda_t x + \frac{2}{9\lambda_t x} \right)^2 + \left(\frac{2}{3} \right)^2 \right]} \right\} \right] \mathrm{d}x \tag{8.31}
$$

此式难以直接积分,但由于设计尖速比 λ_t 是常数,所以可以给定 λ_t 一些值,进行数值积分。为避免分母为 0,此处将数值积分区间取为 $[0.01, 1]$,对结果影响极小(参见对图 8.1 的分析)。

现将数值积分的点阵叠加到平板翼型理想风力机功率曲线上,以方便比较简化叶片与理想叶片结构对性能的影响,如图 8.8 所示。

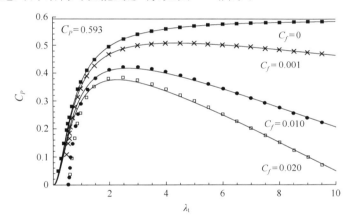

图 8.8　平板翼型简化叶片与理想叶片风力机功率系数比较

从图中可以看出以下几点。

(1) 在摩擦阻力系数为 0 的情况下,简化叶片与理想叶片具有相同的性能。

(2) 存在摩擦阻力的情况下,设计尖速比小于 2 时性能明显降低,设计尖速比大于 7 时性能略微降低,设计尖速比在 2～7 的范围内性能略有提高。

(3) 存在摩擦阻力的情况下,所有性能均未超过与尖速比关联的性能极限(0 阻力线)。

(4) 摩擦阻力的变化比叶片结构的简化对性能的影响更敏感。

从此例可以看出,本书对叶片结构的简化方案是可行的,尖速比大于 2 时与理想叶片相比基本没有损害性能。简化后的弦长曲线非常简单,便于在加工制造过程中使用。

8.2.2 转矩性能

由式(2.12),叶素稳定运行状态的转矩为

$$
\mathrm{d}M = r\mathrm{d}F = \frac{1}{2}\rho U^2 Rr\left(\frac{C}{R}\right)\left[\frac{2}{3}C_L - \left(\lambda + \frac{2}{9\lambda}\right)C_D\right]\sqrt{\left(\lambda + \frac{2}{9\lambda}\right)^2 + \left(\frac{2}{3}\right)^2}\,\mathrm{d}r
$$

$$(8.32)$$

对式(8.32)积分,代入重新分布的升力和阻力系数表达式和简化叶片弦长公式(8.16),得简化叶片的转矩系数为

$$
\begin{aligned}
C_M &= \frac{B}{\pi}\int_0^1 x\left(\frac{C}{R}\right)\left[\frac{2}{3}C_L - \left(\lambda_t x + \frac{2}{9\lambda_t x}\right)C_D\right]\sqrt{\left(\lambda_t x + \frac{2}{9\lambda_t x}\right)^2 + \left(\frac{2}{3}\right)^2}\,\mathrm{d}x \\
&= \frac{B}{\pi}\int_0^1 x\left[\frac{2\pi(2-x)}{BC_L(\alpha_b)\lambda_t^2}\right]\sqrt{\left(\lambda_t x + \frac{2}{9\lambda_t x}\right)^2 + \left(\frac{2}{3}\right)^2}\left[\frac{2}{3}C_L(x) - \left(\lambda_t x + \frac{2}{9\lambda_t x}\right)C_D(x)\right]\mathrm{d}x \\
&= \int_0^1 \frac{2x(2-x)}{C_L(\alpha_b)\lambda_t^2}\sqrt{\left(\lambda_t x + \frac{2}{9\lambda_t x}\right)^2 + \left(\frac{2}{3}\right)^2}\left[\frac{2}{3}C_L(x) - \left(\lambda_t x + \frac{2}{9\lambda_t x}\right)C_D(x)\right]\mathrm{d}x
\end{aligned}
$$

$$(8.33)$$

这是对任何翼型都适用的转矩系数计算公式。以平板翼型为例,将其升力分布公式(8.23)、阻力分布公式(8.24)和最佳攻角升力公式(6.34)代入式(8.33),得

$$
\begin{aligned}
C_M &= \int_0^1 \frac{2x(2-x)}{2\pi\sqrt{C_f}\lambda_t^2}\sqrt{\left(\lambda_t x + \frac{2}{9\lambda_t x}\right)^2 + \left(\frac{2}{3}\right)^2} \\
&\quad \cdot \left[\left\{\frac{2}{3}\cdot\frac{16\pi}{9}\frac{\sqrt{C_f}\lambda_t^2 x}{(2-x)\left(\lambda_t x + \frac{2}{9\lambda_t x}\right)\sqrt{\left(\lambda_t x + \frac{2}{9\lambda_t x}\right)^2 + \left(\frac{2}{3}\right)^2}} - \left(\lambda_t x + \frac{2}{9\lambda_t x}\right)\right. \right. \\
&\quad \cdot \left.\left.\left\{2C_f + \frac{128}{81}\frac{C_f\lambda_t^4 x^2}{(2-x)^2\left(\lambda_t x + \frac{2}{9\lambda_t x}\right)^2\left[\left(\lambda_t x + \frac{2}{9\lambda_t x}\right)^2 + \left(\frac{2}{3}\right)^2\right]}\right\}\right]\right]\mathrm{d}x \\
&= \int_0^1 \left[\frac{32}{27}\frac{x^2}{\left(\lambda_t x + \frac{2}{9\lambda_t x}\right)} - \frac{2\sqrt{C_f}}{\pi\lambda_t^2}x(2-x)\left(\lambda_t x + \frac{2}{9\lambda_t x}\right)\sqrt{\left(\lambda_t x + \frac{2}{9\lambda_t x}\right)^2 + \left(\frac{2}{3}\right)^2}\right. \\
&\quad \cdot \left.\left\{1 + \frac{64}{81}\frac{\lambda_t^4 x^2}{(2-x)^2\left(\lambda_t x + \frac{2}{9\lambda_t x}\right)^2\left[\left(\lambda_t x + \frac{2}{9\lambda_t x}\right)^2 + \left(\frac{2}{3}\right)^2\right]}\right\}\right]\mathrm{d}x
\end{aligned}
$$

$$(8.34)$$

对该式进行数值积分,并将数值积分的点阵叠加到平板翼型理想风力机转矩系数曲线上,以方便比较简化叶片与理想叶片对性能的影响,如图 8.9 所示。

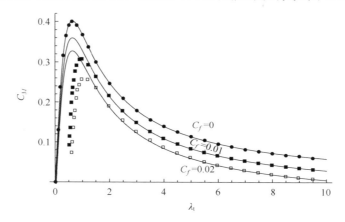

图 8.9　平板翼型简化叶片与理想叶片风力机转矩系数比较

从图中可以看出,有阻力存在时,简化叶片仅在设计尖速比小于 2 时性能降低,对设计尖速比大于 2 的高速风力机,简化叶片与理想叶片的转矩性能基本相同。还可以看出,所有点阵都处于相同尖速比零阻力线的下方,说明零阻力线是性能极限。

8.2.3　升力性能

将简化叶片弦长公式(8.16)代入风力机升力系数公式(2.15)得总升力系数为

$$
\begin{aligned}
C_F &= \frac{B}{\pi}\int_0^1\left(\frac{C}{R}\right)\left[\frac{2}{3}C_L-\left(\lambda_{\mathrm{t}}x+\frac{2}{9\lambda_{\mathrm{t}}x}\right)C_D\right]\sqrt{\left(\lambda_{\mathrm{t}}x+\frac{2}{9\lambda_{\mathrm{t}}x}\right)^2+\left(\frac{2}{3}\right)^2}\,\mathrm{d}x \\
&= \frac{B}{\pi}\int_0^1\left[\frac{2\pi(2-x)}{BC_L(\alpha_{\mathrm{b}})\lambda_{\mathrm{t}}^2}\right]\left[\frac{2}{3}C_L(x)-\left(\lambda_{\mathrm{t}}x+\frac{2}{9\lambda_{\mathrm{t}}x}\right)C_D(x)\right]\sqrt{\left(\lambda_{\mathrm{t}}x+\frac{2}{9\lambda_{\mathrm{t}}x}\right)^2+\left(\frac{2}{3}\right)^2}\,\mathrm{d}x \\
&= \int_0^1\left[\frac{2(2-x)}{C_L(\alpha_{\mathrm{b}})\lambda_{\mathrm{t}}^2}\right]\sqrt{\left(\lambda_{\mathrm{t}}x+\frac{2}{9\lambda_{\mathrm{t}}x}\right)^2+\left(\frac{2}{3}\right)^2}\left[\frac{2}{3}C_L(x)-\left(\lambda_{\mathrm{t}}x+\frac{2}{9\lambda_{\mathrm{t}}x}\right)C_D(x)\right]\mathrm{d}x
\end{aligned}
$$

$$(8.35)$$

这是对任何翼型都适用的升力系数计算公式。以平板翼型为例,将其升力分布公式(8.23)、阻力分布公式(8.24)和最佳攻角升力公式(6.34)代入上式,得简化叶片风力机升力系数,得

$$
C_F=\int_0^1\frac{2(2-x)}{2\pi}\frac{1}{\sqrt{C_f}\lambda_{\mathrm{t}}^2}\sqrt{\left(\lambda_{\mathrm{t}}x+\frac{2}{9\lambda_{\mathrm{t}}x}\right)^2+\left(\frac{2}{3}\right)^2}
$$

$$\cdot \left[\frac{2}{3} \cdot \frac{16\pi}{9} \frac{\sqrt{C_f}\lambda_t^2 x}{(2-x)\left(\lambda_t x + \dfrac{2}{9\lambda_t x}\right)\sqrt{\left(\lambda_t x + \dfrac{2}{9\lambda_t x}\right)^2 + \left(\dfrac{2}{3}\right)^2}} \right.$$

$$\left. - \left(\lambda_t x + \frac{2}{9\lambda_t x}\right)\left\{2C_f + \frac{128}{81} \frac{C_f \lambda_t^4 x^2}{(2-x)^2\left(\lambda_t x + \dfrac{2}{9\lambda_t x}\right)^2\left[\left(\lambda_t x + \dfrac{2}{9\lambda_t x}\right)^2 + \left(\dfrac{2}{3}\right)^2\right]}\right\}\right] dx$$

$$= \int_0^1 \left[\frac{32}{27} \frac{x}{\left(\lambda_t x + \dfrac{2}{9\lambda_t x}\right)} - \frac{2\sqrt{C_f}}{\pi\lambda_t^2}(2-x)\left(\lambda_t x + \frac{2}{9\lambda_t x}\right)\sqrt{\left(\lambda_t x + \dfrac{2}{9\lambda_t x}\right)^2 + \left(\dfrac{2}{3}\right)^2} \right.$$

$$\left. \cdot \left\{1 + \frac{64}{81} \frac{\lambda_t^4 x^2}{(2-x)^2\left(\lambda_t x + \dfrac{2}{9\lambda_t x}\right)^2\left[\left(\lambda_t x + \dfrac{2}{9\lambda_t x}\right)^2 + \left(\dfrac{2}{3}\right)^2\right]}\right\}\right] dx \tag{8.36}$$

对该式进行数值积分,并将数值积分的点阵叠加到平板翼型理想风力机的升力系数曲线上,以方便比较简化叶片与理想叶片对性能的影响情况,如图 8.10 所示。

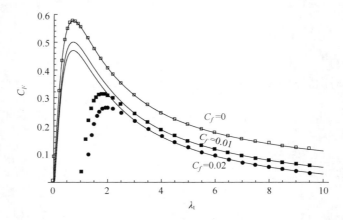

图 8.10　平板翼型简化叶片与理想叶片风力机升力系数比较

从图中可以看出,有阻力存在时,简化叶片仅在设计尖速比小于 3 时性能降低,对设计尖速比大于 3 的高速风力机,简化叶片与理想叶片的升力性能基本相同。还可以看出,所有点阵都处于相同尖速比零阻力线的下方,说明零阻力线是升力性能极限。

8.2.4　推力性能

将简化叶片弦长公式(8.16)代入风力机推力系数公式(2.14)得推力系数为

$$C_T = \frac{B}{\pi} \int_0^1 \left(\frac{C}{R}\right) \sqrt{\left(\lambda + \frac{2}{9\lambda_t x}\right)^2 + \left(\frac{2}{3}\right)^2} \left[\left(\lambda_t x + \frac{2}{9\lambda_t x}\right) C_L + \frac{2}{3} C_D\right] dx$$

$$= \frac{B}{\pi} \int_0^1 \frac{2\pi(2-x)}{BC_L(\alpha_b)\lambda_t^2} \sqrt{\left(\lambda_t x + \frac{2}{9\lambda_t x}\right)^2 + \left(\frac{2}{3}\right)^2} \left[\left(\lambda_t x + \frac{2}{9\lambda_t x}\right) C_L(x) + \frac{2}{3} C_D(x)\right] dx$$

$$(8.37)$$

这是对任何翼型都适用的推力系数计算公式。以平板翼型为例,将其升力分布公式(8.23)、阻力分布公式(8.24)和最佳攻角时的升力系数公式(6.34)代入式(8.37),得简化叶片风力机的推力系数为

$$C_T = \int_0^1 \frac{2(2-x)}{2\pi \sqrt{C_f} \lambda_t^2} \sqrt{\left(\lambda_t x + \frac{2}{9\lambda_t x}\right)^2 + \left(\frac{2}{3}\right)^2} \cdot \left(\lambda_t x + \frac{2}{9\lambda_t x}\right)$$

$$\cdot \frac{16\pi}{9} \frac{\sqrt{C_f}\lambda_t^2 x}{(2-x)\left(\lambda_t x + \frac{2}{9\lambda_t x}\right)\sqrt{\left(\lambda_t x + \frac{2}{9\lambda_t x}\right)^2 + \left(\frac{2}{3}\right)^2}} dx$$

$$+ \int_0^1 \frac{2(2-x)}{2\pi \sqrt{C_f}\lambda_t^2} \sqrt{\left(\lambda_t x + \frac{2}{9\lambda_t x}\right)^2 + \left(\frac{2}{3}\right)^2}$$

$$\cdot \frac{2}{3}\left\{2C_f + \frac{128}{81} \frac{C_f \lambda_t^4 x^2}{(2-x)^2 \left(\lambda_t x + \frac{2}{9\lambda_t x}\right)^2 \left[\left(\lambda_t x + \frac{2}{9\lambda_t x}\right)^2 + \left(\frac{2}{3}\right)^2\right]}\right\} dx$$

$$= \int_0^1 \left[\frac{16x}{9} + \frac{4\sqrt{C_f}}{3\pi\lambda_t^2}(2-x)\sqrt{\left(\lambda_t x + \frac{2}{9\lambda_t x}\right)^2 + \left(\frac{2}{3}\right)^2}\right.$$

$$\cdot \left.\left\{1 + \frac{64}{81} \frac{\lambda_t^4 x^2}{(2-x)^2 \left(\lambda_t x + \frac{2}{9\lambda_t x}\right)^2 \left[\left(\lambda_t x + \frac{2}{9\lambda_t x}\right)^2 + \left(\frac{2}{3}\right)^2\right]}\right\}\right] dx \quad (8.38)$$

由于设计尖速比 λ_t 是常数,所以可以给定 λ_t 一些值,进行数值积分。为避免分母为0,将数值积分区间取为$[0.01, 1]$。

现将数值积分的点阵或虚线叠加到平板翼型理想风力机推力系数曲线(图中的水平直线)上,以方便比较简化叶片与理想叶片对性能的影响情况,如图8.11所示。

从图中可以看出,简化叶片风力机阻力系数的变化对推力系数影响甚微。还可看出,当设计尖速比小于2时,简化叶片的推力性能很差;当设计尖速比大于2

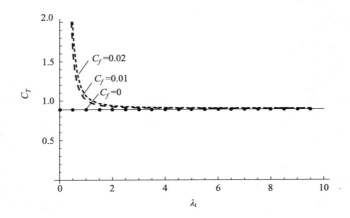

图 8.11　平板翼型简化叶片与理想叶片风力机推力系数比较

时,在稳定运行状态下推力系数小于 1;当设计尖速比大于 5 时,阻力引起的推力系数不足 0.02,占总推力系数的 2% 左右,略高于推力系数的最小极限 8/9。这些数据说明,对高速风力机而言,简化的叶片仍具有较好的抗风能力。

8.2.5　启动性能

将简化叶片弦长公式(8.16)代入式(6.57),得转矩系数为

$$C_M = \frac{B}{\pi} \int_0^1 \left[\frac{2\pi(2-x)}{BC_L(\alpha_b)\lambda_t^2} \right] C_L(x) x \mathrm{d}x = \int_0^1 \frac{2x(2-x)}{C_L(\alpha_b)\lambda_t^2} C_L(x) \mathrm{d}x \quad (8.39)$$

这是适合上述简化方案的任意翼型风力机的启动转矩公式。对于平板翼型,将最佳攻角升力系数公式(6.34)、沿翼展分布的大攻角升力公式(6.58)和扭角公式(8.29)代入式(8.39),得简化叶片风力机启动转矩系数为

$$\begin{aligned}
C_M &= \int_0^1 \frac{2x(2-x)}{2\pi\sqrt{C_f}\lambda_t^2} \sin[2\alpha(x)] \mathrm{d}x = \int_0^1 \frac{x(2-x)}{\pi\sqrt{C_f}\lambda_t^2} \sin[2\beta(x)] \mathrm{d}x \\
&= \int_0^1 \frac{x(2-x)}{\pi\sqrt{C_f}\lambda_t^2} \sin\left[2\arctan\frac{6\lambda_t x}{9\lambda_t^2 x^2 + 2} \right. \\
&\quad \left. -2\arcsin\frac{8\sqrt{C_f}\lambda_t^2 x}{9(2-x)\left(\lambda_t x + \frac{2}{9\lambda_t x}\right)\sqrt{\left(\lambda_t x + \frac{2}{9\lambda_t x}\right)^2 + \left(\frac{2}{3}\right)^2}} \right] \mathrm{d}x
\end{aligned}$$

$$(8.40)$$

令 $C_f = 0.01$,对式(8.40)进行数值积分,可以得到静止状态转矩系数随设计尖速比的变化曲线,如图 8.12 所示。为方便比较,将稳定运行状态的曲线(图 8.9)也绘于此图中。

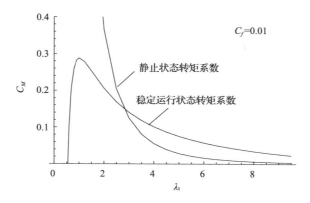

图 8.12　平板翼型简化叶片风力机的静态转矩系数

由此图可以看出,低速风力机的启动转矩较大,随设计尖速比增大,静态转矩系数迅速减小,高速风力机的静态转矩系数低于稳定运行状态转矩系数。

8.3　简化方式对性能的影响分析

8.3.1　叶片弦长的简化方式

仍保持平板翼型风力机弦长分布曲线为直线,通过改变弦长宽窄比例考察对功率的影响。以 8.1 节给出的简化弦长为基准弦长,通过分别放大或缩小整个叶片弦长或叶梢、叶根弦长,并随之优化升力、攻角和扭角的分布,来考察性能的变化。弦长改变后的平面形状如图 8.13 所示,其中第①个简化弦长为基准弦长(改变前的弦长)。

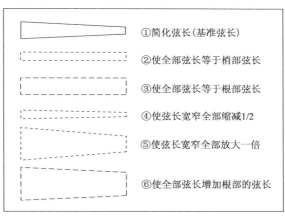

图 8.13　简化弦长及变化后形成的叶片平面形状

8.3.2　简化方式对性能的影响

对图 8.13 所列不同形状的叶片进行数值积分,得到对应叶片组成的风力机的功率系数曲线如图 8.14 所示(对应于图 8.13 的弦长形状编号)。

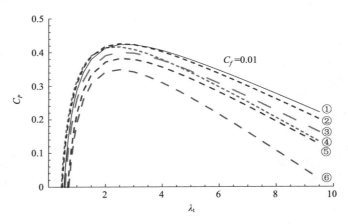

图 8.14　与图 8.13 对应形状的叶片功率系数比较

从图中可以看出,当简化弦长被改变时,不论整体还是局部变大或变小,都很容易造成功率系数的降低,或者最高功率点的偏移,对高速风力机的影响尤为明显,这说明弦长曲线不能随意设置。

但是从图中还可以看出,如果叶梢附近的弦长不变,缩小根部附近弦长至与梢部附近弦长相等,性能降低不大,这可进一步节省材料。根据计算,根部弦长可以在梢部弦长的 1.5～3 倍的范围内调整,功率损耗很低(在图 8.14 的比例尺度下难以分清与基准弦长曲线的区别)。这个结论对叶片设计和制造非常重要,它表明在满足强度要求的情况下可以比较灵活地调整根部附近弦长的大小,损失的性能可以通过稍微增加叶片长度的方法解决。但是叶梢附近的弦长不能随意改变,增加或减少叶梢附近弦长都会大幅降低性能。叶梢附近弦长的大小可以由理想叶片弦长公式计算得到。

本节的示例间接说明了理想弦长公式的合理性,它是弦长简化的依据。

8.4　本 章 小 结

本章分析了叶片沿展向各部位对功率系数的影响程度,确立了以叶梢附近的弦长为基准进行弦长简化的原则,给出了一种在叶梢附近作切线的简化方法。这种方法得到的简化弦长曲线为梯形,叶根比叶梢宽约一倍。为了使简化后的弦长与扭角的关系继续符合叶素-动量定理,重新计算了沿展向的升力分布,进而得到了攻角分布和新的扭角分布表达式。简化叶片的扭角比理想叶片的扭角稍小一些。直线弦长和稍小的扭角都有利于加工制造,这是本章的主要目的。

　　本章对简化的叶片组成的风力机的各种气动性能进行了全面分析,给出了积分公式,以平板翼型叶片为例进行了详细计算,给出了数值积分结果和图示。研究结果显示,当设计尖速比大于 3 时,简化叶片风力机的性能与理想风力机的性能接近,只在设计尖速比小于 3 时性能会明显变差。对简化叶片进一步改动,示例计算结果表明,叶梢附近弦长的变更会使性能严重变差,但叶根部位的变化对性能影响不大,说明叶梢部位的弦长必须按理想弦长公式进行计算,以此为基础进行简化,而叶根附近的弦长可以按强度或制造要求灵活处理。

第 9 章　实用风力机的最高性能

　　动量理论假设叶片数为无穷多,因此流过风轮的每个空气粒子都与叶片相互作用,但实际风力机的叶片数为有限个,流过风轮的一部分粒子与叶片相互作用,另一部分会穿越叶片之间的空隙。在这两种情况下空气传递给风轮的动量是有区别的,或者说诱导速度不同。如果叶片处的诱导速度很大,那么入流角就会很小,导致升力在切向的分量减小,从而降低功率,产生功率损失。

　　Prandtl 给出了叶尖损失修正公式。由于叶尖损失对叶片弦长、扭角和风力机各种性能都会产生很大的影响,使得理想风力机的最高性能和一般性能超越现实太远,弱化了对实用风力机设计的指导作用。实用风力机的最高性能是考虑叶尖损失后的性能,但是由于叶片弦长、扭角曲线十分复杂,加工制造时必须简化,这会进一步降低风力机的性能。

　　由于对弦长、扭角曲线的简化方法可以多种多样,不方便详细讨论,本章在未进行简化的情况下给出风力机的性能,显然这仍是人类的制造能力无法实现的性能,但由于考虑了有限叶片数的影响使之更接近现实,所以这里称之为实用风力机的最高性能。

9.1　叶尖损失对结构的影响

9.1.1　基本关系式

　　对于叶尖损失,Prandtl 和 Tietjens 给出了一种近似的修正方法[69],经过 Glauert 改进后的修正因子为[22]

$$f = \frac{2}{\pi} \arccos \left\{ \exp \left[-\frac{B(1-x)}{2x} \sqrt{1 + \frac{\lambda_t^2 x^2}{(1-a)^2}} \right] \right\} \tag{9.1}$$

式中,B 为叶片数;a 为轴向速度诱导因子;在稳定运行状态,$a = 1/3$。

　　对于有限叶片风力机,有一部分空气粒子与叶片发生作用改变了轴向诱导因子,将叶片上某一半径处的微段内粒子的轴向诱导因子记为 a_B,切向诱导因子记为 b_B;还有一些粒子穿过叶片之间的缝隙,将同一半径的微小圆环内的所有粒子的轴向诱导速度因子的平均值记为 $\bar{a}$,切向诱导速度因子的平均值记为 $\bar{b}$,可以证明当尖速比大于 3 时,近似地有[22]

$$\bar{a} = \frac{1}{3} + \frac{1}{3}f - \frac{1}{3}\sqrt{1 - f + f^2} \tag{9.2}$$

$$\bar{b} = \frac{\bar{a}(1 - \bar{a}/f)}{\lambda_{\mathrm{t}}^2 x^2} \tag{9.3}$$

叶片局部诱导速度因子为

$$a_{\mathrm{B}} = \bar{a}/f \tag{9.4}$$

$$b_{\mathrm{B}} = \bar{b}/f = \frac{\bar{a}(1 - \bar{a}/f)}{\lambda_{\mathrm{t}}^2 x^2 f} \tag{9.5}$$

这几个参数沿展向的分布曲线如图 9.1 所示(假定 $\lambda_{\mathrm{t}} = 7$)。

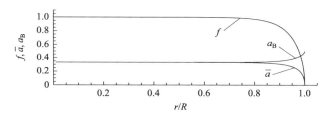

图 9.1　叶尖损失因子与速度诱导因子沿展向的分布曲线

从图中可以看出,叶尖损失仅发生在叶尖局部部位;平均诱导速度因子 $\bar{a}$ 在叶尖处降低到 0,而叶片局部诱导速度因子 a_{B} 却反而增大,这将对叶片的入流角和升力等参数的计算产生很大的影响。显然,按动量理论计算推力、转矩等参数时,需要使用具有宏观特征的平均诱导速度因子 $\bar{a}$ 和 $\bar{b}$,而按叶素理论计算入流角、升力和阻力等参数时则需要使用叶片当地的局部诱导速度因子 a_{B} 和 b_{B}。

为简化后续公式的表达形式,本书用符号 g 表示 $(1 - \bar{a}/f)$,即

$$g = 1 - \bar{a}/f \tag{9.6}$$

后续计算要用到的基本关系式推导如下。由图 2.2,按叶素理论可得,入流流速为

$$
\begin{aligned}
v &= \sqrt{w^2 + u^2} = \sqrt{(1 + b_{\mathrm{B}})^2 W^2 + (1 - a_{\mathrm{B}})^2 U^2} \\
&= \sqrt{(1 + \bar{b}/f)^2 \lambda^2 U^2 + (1 - \bar{a}/f)^2 U^2} \\
&= U\sqrt{\left[\lambda + \frac{\bar{a}(1 - \bar{a}/f)}{\lambda f}\right]^2 + \left(1 - \frac{\bar{a}}{f}\right)^2} \\
&= U\sqrt{\left(\lambda + \frac{\bar{a}g}{\lambda f}\right)^2 + g^2} \tag{9.7}
\end{aligned}
$$

由此还可以得到入流角的正弦和余弦表达式为

$$\sin\varphi = \frac{u}{v} = \frac{(1-a_{\mathrm{B}})U}{U\sqrt{\left(\lambda+\dfrac{\bar{a}g}{\lambda f}\right)^2+g^2}} = \frac{g}{\sqrt{\left(\lambda+\dfrac{\bar{a}g}{\lambda f}\right)^2+g^2}} \tag{9.8}$$

$$\cos\varphi = \frac{w}{v} = \frac{(1+b_{\mathrm{B}})\lambda U}{U\sqrt{\left(\lambda+\dfrac{\bar{a}g}{\lambda f}\right)^2+g^2}} = \frac{\lambda+\dfrac{\bar{a}g}{\lambda f}}{\sqrt{\left(\lambda+\dfrac{\bar{a}g}{\lambda f}\right)^2+g^2}} \tag{9.9}$$

9.1.2　弦长曲线修正

按叶素理论,由图 2.2 和式(9.7)~式(9.10)可得,叶素推力为

$$\begin{aligned}
\mathrm{d}T &= \mathrm{d}L_{\mathrm{u}} + \mathrm{d}D_{\mathrm{u}} = \mathrm{d}L\cos\varphi + \mathrm{d}D\sin\varphi \\
&= \frac{1}{2}\rho C C_L v^2 \cos\varphi\,\mathrm{d}r + \frac{1}{2}\rho C C_D v^2 \sin\varphi\,\mathrm{d}r \\
&= \frac{1}{2}\rho U^2 C C_L\left[\left(\lambda+\frac{\bar{a}g}{\lambda f}\right)^2+g^2\right]\frac{\lambda+\dfrac{\bar{a}g}{\lambda f}}{\sqrt{\left(\lambda+\dfrac{\bar{a}g}{\lambda f}\right)^2+g^2}}\mathrm{d}r \\
&\quad + \frac{1}{2}\rho U^2 C C_D\left[\left(\lambda+\frac{\bar{a}g}{\lambda f}\right)^2+g^2\right]\frac{g}{\sqrt{\left(\lambda+\dfrac{\bar{a}g}{\lambda f}\right)^2+g^2}}\mathrm{d}r \\
&= \frac{1}{2}\rho U^2 C\left[\left(\lambda+\frac{\bar{a}g}{\lambda f}\right)C_L+gC_D\right]\sqrt{\left(\lambda+\frac{\bar{a}g}{\lambda f}\right)^2+g^2}\,\mathrm{d}r \tag{9.10}
\end{aligned}$$

根据动量理论,来流对风轮圆盘中半径为 $r \sim r+\mathrm{d}r$ 的圆环的推力为

$$\mathrm{d}T = 4\pi\rho U^2 \bar{a}(1-\bar{a})r\,\mathrm{d}r \tag{9.11}$$

考虑叶片数为 B,使式(9.10)和式(9.11)相等,有

$$4\pi\rho U^2 \cdot \bar{a}(1-\bar{a})r\,\mathrm{d}r = B\cdot\frac{1}{2}\rho U^2 C\left[\left(\lambda+\frac{\bar{a}g}{\lambda f}\right)C_L+gC_D\right]\sqrt{\left(\lambda+\frac{\bar{a}g}{\lambda f}\right)^2+g^2}\,\mathrm{d}r \tag{9.12}$$

由此得到理想弦长公式为

$$\begin{aligned}
\frac{C}{R} &= \frac{8\pi}{B}\frac{r}{R}\frac{\bar{a}(1-\bar{a})}{\left[\left(\lambda+\dfrac{\bar{a}g}{\lambda f}\right)C_L+gC_D\right]\sqrt{\left(\lambda+\dfrac{\bar{a}g}{\lambda f}\right)^2+g^2}} \\
&= \frac{8\pi}{B}\frac{\bar{a}(1-\bar{a})x}{\left[\left(\lambda_{\mathrm{t}}x+\dfrac{\bar{a}g}{\lambda_{\mathrm{t}}xf}\right)C_L+gC_D\right]\sqrt{\left(\lambda_{\mathrm{t}}x+\dfrac{\bar{a}g}{\lambda_{\mathrm{t}}xf}\right)^2+g^2}} \tag{9.13}
\end{aligned}$$

将式(9.1)和式(9.2)代入式(9.13)可以得到弦长的具体值,以示例的形式说明如下。

设某翼型最佳攻角 α_b 为 $3.5°$,此攻角的升力系数为 0.85,阻力系数为 0.016。沿展向设置翼型不变,设风力机叶片数 $B=3$,设计尖速比 $\lambda_t = 6$,将这些参数值代入式(9.13),则相对弦长在叶尖损失修正前后的弦长曲线形状如图 9.2 所示。

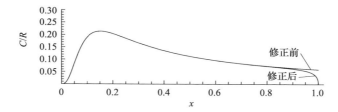

图 9.2　相对弦长在叶尖损失修正前后的曲线形状比较

可见,叶尖损失对弦长的影响只限于叶尖部位,且叶尖弦长必将过渡到 0。

9.1.3　扭角曲线修正

参考式(2.1),按叶素理论,入流角的修正公式是

$$\tan\varphi = \frac{1-a_B}{1+b_B}\frac{1}{\lambda} = \frac{1-\bar{a}/f}{1+\bar{b}/f}\frac{1}{\lambda} = \frac{1-\bar{a}/f}{\lambda + \dfrac{\bar{a}(1-\bar{a}/f)}{\lambda f}} = \frac{g\lambda f}{\lambda^2 f + \bar{a}g} \quad (9.14)$$

对比式(3.11),入流角修正前后的曲线形状如图 9.3 所示。

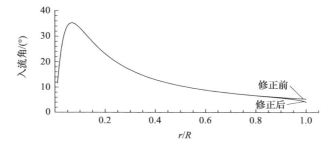

图 9.3　考虑叶尖损失修正前后的入流角曲线形状

从图中可以看出,考虑叶尖损失修正前后,入流角仅在叶尖处有小的变化。

若翼型的最佳攻角 α_b 为 $3.5°$,则扭角为

$$\beta = \arctan\frac{g\lambda f}{\lambda^2 f + \bar{a}g} - 3.5° \quad (9.15)$$

修正后的入流角和扭角分布曲线示例如图 9.4 所示。

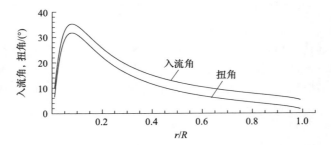

图 9.4　叶尖损失修正后的入流角和扭角分布曲线示例

9.2　实用风力机最高性能计算

9.2.1　功率性能计算

考虑叶尖损失后,根据图 2.2,由式(9.7)~式(9.9),叶素功率为

$$dP = \omega r \, dF = \lambda U (dL \sin\varphi - dD \cos\varphi)$$

$$= \frac{1}{2}\rho C C_L \lambda U v^2 \sin\varphi \, dr - \frac{1}{2}\rho C C_D v^2 \lambda U \cos\varphi \, dr$$

$$= \frac{1}{2}\rho C C_L \lambda U \cdot U^2 \Big[\Big(\lambda + \frac{\bar{a}g}{\lambda f}\Big)^2 + g^2 \Big] \frac{g}{\sqrt{\Big(\lambda + \frac{\bar{a}g}{\lambda f}\Big)^2 + g^2}} dr$$

$$- \frac{1}{2}\rho C C_D \lambda U \cdot U^2 \Big[\Big(\lambda + \frac{\bar{a}g}{\lambda f}\Big)^2 + g^2 \Big] \frac{\lambda + \frac{\bar{a}g}{\lambda f}}{\sqrt{\Big(\lambda + \frac{\bar{a}g}{\lambda f}\Big)^2 + g^2}} dr$$

$$= \frac{1}{2}\rho U^3 C \lambda \Big[g C_L - \Big(\lambda + \frac{\bar{a}g}{\lambda f}\Big) C_D \Big] \sqrt{\Big(\lambda + \frac{\bar{a}g}{\lambda f}\Big)^2 + g^2} \, dr \qquad (9.16)$$

对于 B 个叶片组成的风力机,将相对弦长公式(9.13)代入式(9.16)积分,得功率系数为

$$C_P = \frac{B}{\frac{1}{2}\rho U^3 \pi R^2} \int_R \frac{1}{2}\rho U^3 C \lambda \Big[g C_L - \Big(\lambda + \frac{\bar{a}g}{\lambda f}\Big) C_D \Big] \sqrt{\Big(\lambda + \frac{\bar{a}g}{\lambda f}\Big)^2 + g^2} \, dr$$

$$= \frac{B}{\pi} \int_R \Big(\frac{C}{R}\Big) \cdot \lambda \Big[g C_L - \Big(\lambda + \frac{\bar{a}g}{\lambda f}\Big) C_D \Big] \sqrt{\Big(\lambda + \frac{\bar{a}g}{\lambda f}\Big)^2 + g^2} \, d\Big(\frac{r}{R}\Big)$$

$$= \frac{B}{\pi} \int_0^1 \frac{8\pi}{B} \frac{\bar{a}(1-\bar{a})x}{\Big[\Big(\lambda_t x + \frac{\bar{a}g}{\lambda_t x f}\Big) C_L + g C_D \Big] \sqrt{\Big(\lambda + \frac{\bar{a}g}{\lambda f}\Big)^2 + g^2}}$$

$$\cdot \lambda_t x \left[g C_L - \left(\lambda_t x + \frac{\bar{a}g}{\lambda_t x f} \right) C_D \right] \sqrt{\left(\lambda + \frac{\bar{a}g}{\lambda f} \right)^2 + g^2} \, \mathrm{d}x$$

$$= \int_0^1 \frac{8\bar{a}(1-\bar{a})\lambda_t x^2 \left[g C_L - \left(\lambda_t x + \frac{\bar{a}g}{\lambda_t x f} \right) C_D \right]}{\left(\lambda_t x + \frac{\bar{a}g}{\lambda_t x f} \right) C_L + g C_D} \, \mathrm{d}x \tag{9.17}$$

令阻力系数为 0，可得到与尖速比关联的最大功率系数为

$$C_{P\mathrm{max}} = \int_0^1 \frac{8\bar{a}(1-\bar{a})g\lambda_t x^2}{\lambda_t x + \frac{\bar{a}g}{\lambda_t x f}} \, \mathrm{d}x \tag{9.18}$$

将式(9.1)和式(9.2)代入式(9.18)，进行数值积分，叶尖损失修正后的功率系数变化趋势如图 9.5 中的点阵所示，图中同时绘出了阻力为 0 但不考虑叶尖损失的功率系数曲线。

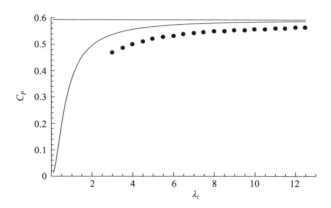

图 9.5 叶尖损失修正后的功率系数变化趋势

从图中可以看出，有限叶片数明显降低了功率系数。注意推导过程中使用了修正过叶尖损失但未进行简化的弦长公式，如果采用简化后的弦长公式，功率系数还会进一步降低。

若阻力不为 0（升阻比 ζ 为有限值），则由式(9.17)得

$$C_P = \int_0^1 \frac{8\bar{a}(1-\bar{a})\lambda_t x^2 \left[g C_L - \left(\lambda_t x + \frac{\bar{a}g}{\lambda_t x f} \right) C_D \right]}{\left(\lambda_t x + \frac{\bar{a}g}{\lambda_t x f} \right) C_L + g C_D} \, \mathrm{d}x$$

$$= \int_0^1 \frac{8\bar{a}(1-\bar{a})\lambda_t x^2 \left[g \zeta - \left(\lambda_t x + \frac{\bar{a}g}{\lambda_t x f} \right) \right]}{\left(\lambda_t x + \frac{\bar{a}g}{\lambda_t x f} \right) \zeta + g} \, \mathrm{d}x \tag{9.19}$$

由此积分公式进行数值计算得到的功率系数如表 9.1 所示。

由表 5.1 和表 9.1 可以计算出叶尖损失造成的功率损失百分数,计算式为

100×(理想风力机功率系数－有限叶片风力机功率系数)/理想风力机功率系数

计算结果如表 9.2 所示。

表 9.1　叶尖损失修正后的功率系数值

升阻比 ζ	设计尖速比 λ_t									
	1	2	3	4	5	6	7	8	9	10
∞	0.265	0.409	0.472	0.504	0.524	0.537	0.546	0.552	0.557	0.561
1000	0.265	0.408	0.470	0.502	0.521	0.533	0.542	0.548	0.552	0.556
900	0.265	0.408	0.470	0.502	0.521	0.533	0.541	0.547	0.552	0.555
800	0.265	0.408	0.469	0.501	0.520	0.532	0.541	0.547	0.551	0.554
700	0.265	0.408	0.469	0.501	0.520	0.532	0.540	0.546	0.550	0.553
600	0.264	0.407	0.469	0.500	0.519	0.531	0.539	0.545	0.549	0.552
500	0.264	0.407	0.468	0.499	0.518	0.530	0.538	0.543	0.547	0.550
400	0.264	0.406	0.467	0.498	0.516	0.528	0.535	0.541	0.544	0.547
300	0.264	0.405	0.466	0.496	0.514	0.525	0.532	0.537	0.540	0.542
200	0.263	0.403	0.463	0.492	0.509	0.519	0.525	0.529	0.531	0.532
100	0.260	0.398	0.454	0.481	0.494	0.501	0.504	0.505	0.504	0.502
90	0.260	0.396	0.452	0.478	0.491	0.497	0.500	0.500	0.498	0.496
80	0.259	0.395	0.449	0.475	0.487	0.492	0.494	0.493	0.491	0.488
70	0.258	0.393	0.446	0.470	0.482	0.486	0.487	0.485	0.482	0.477
60	0.257	0.390	0.442	0.465	0.475	0.478	0.477	0.474	0.469	0.463
50	0.255	0.386	0.436	0.457	0.465	0.466	0.463	0.458	0.451	0.444
40	0.252	0.380	0.427	0.445	0.450	0.448	0.443	0.435	0.425	0.414
30	0.248	0.371	0.413	0.426	0.426	0.419	0.409	0.396	0.381	0.365
20	0.240	0.352	0.384	0.387	0.377	0.361	0.340	0.318	0.293	0.268
10	0.215	0.296	0.299	0.273	0.233					

表 9.2　叶尖损失造成的功率损失百分数　　　　　　（单位:%）

升阻比 ζ	设计尖速比 λ_t									
	1	2	3	4	5	6	7	8	9	10
∞	27.89	17.49	12.36	9.47	7.77	6.49	5.57	4.92	4.38	4.02
1000	27.84	17.39	12.36	9.57	7.80	6.45	5.63	4.91	4.47	4.05
900	27.85	17.42	12.40	9.46	7.70	6.52	5.55	5.00	4.40	4.00
800	27.87	17.45	12.45	9.52	7.77	6.44	5.65	4.95	4.37	3.97

续表

升阻比 ζ	设计尖速比 λ_t									
	1	2	3	4	5	6	7	8	9	10
700	27.90	17.49	12.34	9.59	7.70	6.56	5.61	4.93	4.37	3.99
600	27.93	17.38	12.42	9.53	7.83	6.54	5.62	4.96	4.42	4.07
500	27.78	17.46	12.37	9.51	7.67	6.58	5.70	4.91	4.40	4.07
400	27.85	17.41	12.37	9.56	7.77	6.57	5.56	4.99	4.36	4.09
300	27.78	17.44	12.49	9.59	7.72	6.59	5.67	5.01	4.46	4.11
200	27.82	17.51	12.38	9.65	7.77	6.65	5.72	5.06	4.51	4.15
100	27.74	17.52	12.57	9.67	7.95	6.64	5.88	5.21	4.65	4.29
90	27.70	17.45	12.44	9.65	7.87	6.68	5.86	5.13	4.69	4.26
80	27.71	17.44	12.58	9.76	7.95	6.72	5.87	5.29	4.64	4.37
70	27.56	17.53	12.51	9.70	8.07	6.86	6.02	5.27	4.81	4.37
60	27.70	17.42	12.65	9.73	8.00	6.87	6.10	5.43	4.86	4.50
50	27.58	17.54	12.60	9.86	8.12	6.98	6.03	5.54	4.97	4.61
40	27.48	17.55	12.79	10.04	8.30	7.16	6.20	5.72	5.15	4.79
30	27.24	17.66	12.92	10.17	8.42	7.28	6.52	6.05	5.48	5.14
20	26.92	17.67	13.17	10.61	9.09	7.97	7.26	6.88	6.65	6.44
10	25.97	17.98	14.17	12.36	11.90					

由表 9.2 可以看出,升阻比对功率损失影响不大;设计尖速比越小,功率损失越多。

9.2.2　转矩性能计算

考虑叶尖损失后,根据图 2.2,由式(9.7)～式(9.9),叶素转矩为

$$
\begin{aligned}
\mathrm{d}M =\ & r\mathrm{d}F = r(\mathrm{d}L\sin\varphi - \mathrm{d}D\cos\varphi)\\
=\ & \frac{1}{2}\rho C C_L v^2 \sin\varphi \cdot r\,\mathrm{d}r - \frac{1}{2}\rho C C_D v^2 \cos\varphi \cdot r\,\mathrm{d}r\\
=\ & \frac{1}{2}\rho C C_L \cdot U^2 \left[\left(\lambda+\frac{\bar{a}g}{\lambda f}\right)^2 + g^2\right] \frac{g}{\sqrt{\left(\lambda+\dfrac{\bar{a}g}{\lambda f}\right)^2 + g^2}} r\,\mathrm{d}r\\
& -\frac{1}{2}\rho C C_D \cdot U^2 \left[\left(\lambda+\frac{\bar{a}g}{\lambda f}\right)^2 + g^2\right] \frac{\lambda+\dfrac{\bar{a}g}{\lambda f}}{\sqrt{\left(\lambda+\dfrac{\bar{a}g}{\lambda f}\right)^2 + g^2}} r\,\mathrm{d}r\\
=\ & \frac{1}{2}\rho U^2 C\left[g C_L - \left(\lambda+\frac{\bar{a}g}{\lambda f}\right)C_D\right]\sqrt{\left(\lambda+\frac{\bar{a}g}{\lambda f}\right)^2 + g^2}\cdot r\,\mathrm{d}r \quad (9.20)
\end{aligned}
$$

对于 B 个叶片组成的风力机，将相对弦长公式(9.13)代入式(9.20)积分，得转矩系数为

$$C_M = \frac{B}{\frac{1}{2}\rho U^2 \pi R^3} \int_R \frac{1}{2}\rho U^2 C\left[gC_L - \left(\lambda + \frac{\bar{a}g}{\lambda f}\right)C_D\right]\sqrt{\left(\lambda + \frac{\bar{a}g}{\lambda f}\right)^2 + g^2} \cdot r\,dr$$

$$= \frac{B}{\pi}\int_R \left(\frac{C}{R}\right) \cdot \left[gC_L - \left(\lambda + \frac{\bar{a}g}{\lambda f}\right)C_D\right]\sqrt{\left(\lambda + \frac{\bar{a}g}{\lambda f}\right)^2 + g^2} \cdot \left(\frac{r}{R}\right)d\left(\frac{r}{R}\right)$$

$$= \frac{B}{\pi}\int_0^1 \frac{8\pi}{B}\frac{\bar{a}(1-\bar{a})x}{\left[\left(\lambda_t x + \frac{\bar{a}g}{\lambda_t x f}\right)C_L + gC_D\right]\sqrt{\left(\lambda + \frac{\bar{a}g}{\lambda f}\right)^2 + g^2}}$$

$$\cdot \left[gC_L - \left(\lambda_t x + \frac{\bar{a}g}{\lambda_t x f}\right)C_D\right]\sqrt{\left(\lambda + \frac{\bar{a}g}{\lambda f}\right)^2 + g^2} \cdot x\,dx$$

$$= \int_0^1 \frac{8\bar{a}(1-\bar{a})x^2\left[gC_L - \left(\lambda_t x + \frac{\bar{a}g}{\lambda_t x f}\right)C_D\right]}{\left(\lambda_t x + \frac{\bar{a}g}{\lambda_t x f}\right)C_L + gC_D}\,dx \tag{9.21}$$

令阻力系数为 0，可得到与尖速比关联的最大转矩系数为

$$C_{M\max} = \int_0^1 \frac{8g\bar{a}(1-\bar{a})x^2}{\lambda_t x + \frac{\bar{a}g}{\lambda_t x f}}\,dx \tag{9.22}$$

将式(9.1)和式(9.2)代入式(9.22)，进行数值积分，叶尖损失修正后的转矩系数变化趋势如图 9.6 中的点阵所示，图中同时绘出了阻力为 0 但不考虑叶尖损失的转矩系数曲线。

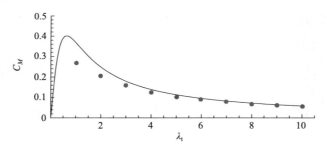

图 9.6 叶尖损失修正后的转矩系数变化趋势

从图中可以看出，当尖速比较小时有限叶片数会明显降低转矩系数。当升阻比为无穷大时转矩系数损失情况如表 9.3 所示。

表 9.3　叶尖损失对转矩系数的影响

尖速比 λ_t	转矩系数理论值		转矩损失百分数/%
	不考虑叶尖损失	考虑叶尖损失后	
1	0.368	0.265	27.91
2	0.248	0.205	17.43
3	0.179	0.157	12.37
4	0.139	0.126	9.52
5	0.114	0.105	7.71
6	0.096	0.089	6.48
7	0.083	0.078	5.58
8	0.073	0.069	4.91
9	0.065	0.062	4.38
10	0.058	0.056	3.95

若阻力不为 0(升阻比 ζ 为有限值),则由式(9.21)得

$$C_M = \int_0^1 \frac{8\bar{a}(1-\bar{a})x^2\left[gC_L - \left(\lambda_t x + \dfrac{\bar{a}g}{\lambda_t xf}\right)C_D\right]}{\left(\lambda_t x + \dfrac{\bar{a}g}{\lambda_t xf}\right)C_L + gC_D}\mathrm{d}x$$

$$= \int_0^1 \frac{8\bar{a}(1-\bar{a})x^2\left[g\zeta - \left(\lambda_t x + \dfrac{\bar{a}g}{\lambda_t xf}\right)\right]}{\left(\lambda_t x + \dfrac{\bar{a}g}{\lambda_t xf}\right)\zeta + g}\mathrm{d}x \tag{9.23}$$

由此积分公式进行数值计算得到的转矩系数如表 9.4 所示。

表 9.4　叶尖损失修正后的转矩系数值

升阻比 ζ	设计尖速比 λ_t									
	1	2	3	4	5	6	7	8	9	10
∞	0.265	0.205	0.157	0.126	0.105	0.089	0.078	0.069	0.062	0.056
1000	0.265	0.204	0.157	0.125	0.104	0.089	0.077	0.068	0.061	0.056
900	0.265	0.204	0.157	0.125	0.104	0.089	0.077	0.068	0.061	0.056
800	0.265	0.204	0.156	0.125	0.104	0.089	0.077	0.068	0.061	0.055
700	0.264	0.204	0.156	0.125	0.104	0.089	0.077	0.068	0.061	0.055
600	0.264	0.204	0.156	0.125	0.104	0.089	0.077	0.068	0.061	0.055
500	0.264	0.203	0.156	0.125	0.104	0.088	0.077	0.068	0.061	0.055
400	0.264	0.203	0.156	0.125	0.103	0.088	0.077	0.068	0.061	0.055
300	0.263	0.203	0.155	0.124	0.103	0.088	0.076	0.067	0.060	0.054

升阻比 ζ	设计尖速比 λ_t									
	1	2	3	4	5	6	7	8	9	10
200	0.262	0.202	0.154	0.123	0.102	0.087	0.075	0.066	0.059	0.053
100	0.259	0.199	0.151	0.120	0.099	0.084	0.072	0.063	0.056	0.050
90	0.259	0.198	0.151	0.120	0.098	0.083	0.072	0.063	0.056	0.050
80	0.258	0.197	0.150	0.119	0.098	0.082	0.071	0.062	0.055	0.049
70	0.257	0.196	0.149	0.118	0.097	0.081	0.070	0.061	0.054	0.048
60	0.255	0.195	0.148	0.117	0.095	0.080	0.068	0.060	0.052	0.047
50	0.253	0.193	0.146	0.115	0.093	0.078	0.067	0.058	0.050	0.045
40	0.250	0.190	0.143	0.112	0.091	0.075	0.064	0.055	0.048	0.042
30	0.245	0.185	0.138	0.107	0.086	0.070	0.059	0.050	0.043	0.037
20	0.235	0.176	0.129	0.098	0.076	0.061	0.050	0.041	0.033	0.027
10	0.207	0.148	0.101	0.070	0.049	0.033	0.021	0.012	0.005	

9.2.3　升力性能计算

考虑叶尖损失后，根据图 2.2，由式(9.7)～式(9.9)，叶素总升力为[70]

$$dF = dL\sin\varphi - dD\cos\varphi = \frac{1}{2}\rho CC_L v^2 \sin\varphi\, dr - \frac{1}{2}\rho CC_D v^2 \cos\varphi\, dr$$

$$= \frac{1}{2}\rho CC_L \cdot U^2 \Big[\Big(\lambda + \frac{\bar{a}g}{\lambda f}\Big)^2 + g^2\Big] \frac{g}{\sqrt{\Big(\lambda + \frac{\bar{a}g}{\lambda f}\Big)^2 + g^2}}\, dr$$

$$- \frac{1}{2}\rho CC_D \cdot U^2 \Big[\Big(\lambda + \frac{\bar{a}g}{\lambda f}\Big)^2 + g^2\Big] \frac{\lambda + \frac{\bar{a}g}{\lambda f}}{\sqrt{\Big(\lambda + \frac{\bar{a}g}{\lambda f}\Big)^2 + g^2}}\, dr$$

$$= \frac{1}{2}\rho U^2 C \Big[gC_L - \Big(\lambda + \frac{\bar{a}g}{\lambda f}\Big)C_D\Big]\sqrt{\Big(\lambda + \frac{\bar{a}g}{\lambda f}\Big)^2 + g^2}\, dr \tag{9.24}$$

对于 B 个叶片组成的风力机，将相对弦长公式(9.13)代入式(9.24)积分，得升力系数为

$$C_F = \frac{B}{\frac{1}{2}\rho U^2 \pi R^2} \int_R \frac{1}{2}\rho U^2 C \Big[gC_L - \Big(\lambda + \frac{\bar{a}g}{\lambda f}\Big)C_D\Big]\sqrt{\Big(\lambda + \frac{\bar{a}g}{\lambda f}\Big)^2 + g^2}\, dr$$

$$= \frac{B}{\pi} \int_R \Big(\frac{C}{R}\Big) \cdot \Big[gC_L - \Big(\lambda + \frac{\bar{a}g}{\lambda f}\Big)C_D\Big]\sqrt{\Big(\lambda + \frac{\bar{a}g}{\lambda f}\Big)^2 + g^2}\, d\Big(\frac{r}{R}\Big)$$

$$= \frac{B}{\pi} \int_0^1 \frac{8\pi}{B} \frac{\bar{a}(1-\bar{a})x}{\left[\left(\lambda_t x + \frac{\bar{a}g}{\lambda_t xf}\right)C_L + gC_D\right]\sqrt{\left(\lambda + \frac{\bar{a}g}{\lambda f}\right)^2 + g^2}}$$

$$\cdot \left[gC_L - \left(\lambda_t x + \frac{\bar{a}g}{\lambda_t xf}\right)C_D\right]\sqrt{\left(\lambda + \frac{\bar{a}g}{\lambda f}\right)^2 + g^2}\,\mathrm{d}x$$

$$= \int_0^1 \frac{8\bar{a}(1-\bar{a})x\left[gC_L - \left(\lambda_t x + \frac{\bar{a}g}{\lambda_t xf}\right)C_D\right]}{\left(\lambda_t x + \frac{\bar{a}g}{\lambda_t xf}\right)C_L + gC_D}\,\mathrm{d}x \tag{9.25}$$

令阻力系数为 0,可得到与尖速比关联的最大升力系数为

$$C_{Fmax} = \int_0^1 \frac{8g\bar{a}(1-\bar{a})x}{\lambda_t x + \frac{\bar{a}g}{\lambda_t xf}}\,\mathrm{d}x \tag{9.26}$$

将式(9.1)和式(9.2)代入式(9.26),进行数值积分,叶尖损失修正后的升力系数变化趋势如图 9.7 中的点阵所示,图中同时绘出了阻力为 0 但不考虑叶尖损失的升力系数曲线。

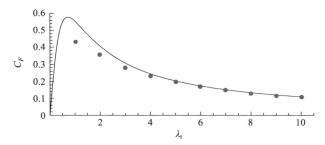

图 9.7　叶尖损失修正后的升力系数变化趋势

从图 9.7 中可以看出,当尖速比较小时有限叶片数会明显降低升力系数。当升阻比为无穷大时升力系数损失情况如表 9.5 所示。

表 9.5　叶尖损失对升力系数的影响

尖速比 λ_t	升力系数理论值		升力损失百分数/%
	不考虑叶尖损失	考虑叶尖损失后	
1	0.554	0.432	22.02
2	0.406	0.356	12.32
3	0.307	0.282	8.14
4	0.246	0.231	6.10
5	0.204	0.195	4.41

尖速比 λ_t	升力系数理论值		升力损失百分数/%
	不考虑叶尖损失	考虑叶尖损失后	
6	0.174	0.168	3.45
7	0.152	0.147	3.29
8	0.135	0.131	2.96
9	0.121	0.118	2.48
10	0.110	0.108	1.82

若阻力不为 0(升阻比 ζ 为有限值),则由式(9.25)得

$$C_F = \int_0^1 \frac{8\bar{a}(1-\bar{a})x\left[gC_L - \left(\lambda_t x + \dfrac{\bar{a}g}{\lambda_t xf}\right)C_D\right]}{\left(\lambda_t x + \dfrac{\bar{a}g}{\lambda_t xf}\right)C_L + gC_D}\mathrm{d}x$$

$$= \int_0^1 \frac{8\bar{a}(1-\bar{a})x\left[g\zeta - \left(\lambda_t x + \dfrac{\bar{a}g}{\lambda_t xf}\right)\right]}{\left(\lambda_t x + \dfrac{\bar{a}g}{\lambda_t xf}\right)\zeta + g}\mathrm{d}x \qquad (9.27)$$

由此积分公式进行数值计算得到的升力系数如表 9.6 所示。

表 9.6　叶尖损失修正后的升力系数值

升阻比 ζ	设计尖速比 λ_t									
	1	2	3	4	5	6	7	8	9	10
∞	0.432	0.356	0.282	0.231	0.195	0.168	0.147	0.131	0.118	0.108
1000	0.431	0.355	0.281	0.230	0.194	0.167	0.146	0.130	0.117	0.107
900	0.431	0.355	0.281	0.230	0.194	0.167	0.146	0.130	0.117	0.107
800	0.430	0.354	0.281	0.230	0.193	0.167	0.146	0.130	0.117	0.107
700	0.430	0.354	0.281	0.230	0.193	0.167	0.146	0.130	0.117	0.106
600	0.430	0.354	0.281	0.230	0.193	0.166	0.146	0.130	0.117	0.106
500	0.430	0.354	0.281	0.229	0.193	0.166	0.146	0.129	0.116	0.106
400	0.429	0.353	0.280	0.229	0.192	0.166	0.145	0.129	0.116	0.105
300	0.428	0.352	0.279	0.228	0.192	0.165	0.144	0.128	0.115	0.105
200	0.427	0.351	0.278	0.226	0.190	0.163	0.143	0.127	0.114	0.103
100	0.422	0.346	0.273	0.221	0.186	0.159	0.138	0.122	0.109	0.099
90	0.421	0.345	0.272	0.221	0.185	0.158	0.137	0.121	0.108	0.098
80	0.419	0.344	0.271	0.220	0.183	0.157	0.136	0.120	0.107	0.097
70	0.418	0.342	0.269	0.218	0.182	0.155	0.135	0.119	0.106	0.095

续表

升阻比 ζ	设计尖速比 λ_t									
	1	2	3	4	5	6	7	8	9	10
60	0.415	0.340	0.267	0.216	0.180	0.153	0.133	0.116	0.104	0.093
50	0.412	0.336	0.264	0.213	0.177	0.150	0.130	0.114	0.101	0.090
40	0.407	0.332	0.259	0.208	0.172	0.146	0.125	0.109	0.096	0.086
30	0.399	0.324	0.252	0.201	0.165	0.138	0.118	0.102	0.089	0.078
20	0.383	0.308	0.237	0.186	0.150	0.124	0.103	0.087	0.074	0.064
10	0.337	0.263	0.193	0.143	0.107	0.080	0.060	0.044	0.031	0.020

9.2.4　推力性能计算

考虑叶尖损失后,根据图 2.2,由式(9.7)～式(9.9)可得叶素轴向总推力为

$$dT = dL_u + dD_u = dL\cos\varphi + dD\sin\varphi = \frac{1}{2}\rho C C_L v^2 \cos\varphi\, dr + \frac{1}{2}\rho C C_D v^2 \sin\varphi\, dr$$

$$= \frac{1}{2}\rho C C_L \cdot U^2 \left[\left(\lambda + \frac{\bar a g}{\lambda f}\right)^2 + g^2\right] \frac{\lambda + \dfrac{\bar a g}{\lambda f}}{\sqrt{\left(\lambda + \dfrac{\bar a g}{\lambda f}\right)^2 + g^2}} dr$$

$$+ \frac{1}{2}\rho C C_D \cdot U^2 \left[\left(\lambda + \frac{\bar a g}{\lambda f}\right)^2 + g^2\right] \frac{g}{\sqrt{\left(\lambda + \dfrac{\bar a g}{\lambda f}\right)^2 + g^2}} dr$$

$$= \frac{1}{2}\rho U^2 C \left[\left(\lambda + \frac{\bar a g}{\lambda f}\right)C_L + gC_D\right] \sqrt{\left(\lambda + \frac{\bar a g}{\lambda f}\right)^2 + g^2}\, dr \tag{9.28}$$

对于 B 个叶片组成的风力机,将相对弦长公式(9.13)代入式(9.28)积分,得推力系数为

$$C_T = \frac{B}{\frac{1}{2}\rho U^2 \pi R^2} \int_R \frac{1}{2}\rho U^2 C \left[\left(\lambda + \frac{\bar a g}{\lambda f}\right)C_L + gC_D\right] \sqrt{\left(\lambda + \frac{\bar a g}{\lambda f}\right)^2 + g^2}\, dr$$

$$= \frac{B}{\pi} \int_R \left(\frac{C}{R}\right) \cdot \left[\left(\lambda + \frac{\bar a g}{\lambda f}\right)C_L + gC_D\right] \sqrt{\left(\lambda + \frac{\bar a g}{\lambda f}\right)^2 + g^2}\, d\left(\frac{r}{R}\right)$$

$$= \frac{B}{\pi} \int_0^1 \frac{8\pi}{B} \frac{\bar a(1-\bar a)x}{\left[\left(\lambda_t x + \dfrac{\bar a g}{\lambda_t x f}\right)C_L + gC_D\right] \sqrt{\left(\lambda + \dfrac{\bar a g}{\lambda f}\right)^2 + g^2}}$$

$$\cdot \left[\left(\lambda + \frac{\bar a g}{\lambda f}\right)C_L + gC_D\right] \sqrt{\left(\lambda + \frac{\bar a g}{\lambda f}\right)^2 + g^2}\, dx$$

$$= \int_0^1 8\bar a(1-\bar a)x\, dx \tag{9.29}$$

　　进行数值积分,叶尖损失修正后的推力系数变化趋势如图 9.8 中的点阵所示,图中同时绘出了不考虑叶尖损失的推力系数曲线。

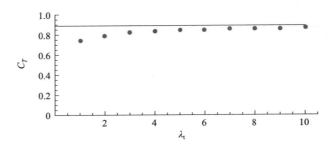

图 9.8　叶尖损失修正后的推力系数变化趋势

　　从图中可以看出,当尖速比较小时有限叶片数会明显降低推力系数。

9.3　本章小结

　　本章探讨了叶尖损失产生的原因,区分了叶尖局部速度诱导因子和平均速度诱导因子及其对叶素理论和动量理论的适用性,在叶尖损失存在的新环境中,利用叶素理论和动量理论推导出叶片弦长公式,给出了对弦长进行简化的又一种切线方法和示例,同时推导出相应的入流角、攻角和扭角的变化公式,结合示例指出了扭角的修正方法。研究表明,叶尖损失对入流角仅在叶尖部位有小的影响,对弦长的影响较大,在叶尖处弦长必须降低到零。

　　本章还对存在叶尖损失情况下功率、转矩、升力和推力系数公式进行推导,结合示例进行了数值积分运算,得到了与尖速比和升阻比关联的大量性能数据,这些数据最接近实际情况,应当是设计风力机所追求的最有价值的目标。对风力机功率、转矩、升力和推力系数的数值积分结果表明,叶尖损失会明显降低风力机的各种性能,不可忽略。

第 10 章 实用叶片结构设计

实用风力机叶片结构应当是对理想叶片结构的合理简化,简化原则是在满足力学特性要求并有利于加工制造的情况下最大限度地减少性能损失。本章将在此原则指导下探讨叶片结构设计的步骤、方法,并推导叶片结构要素相关公式。根据本章方法所设计的叶片的性能如何,可按第 11 章提供的方法进行验算。

10.1 确定翼型和最佳攻角

翼型是设计时选定的。对风力机的功率性能而言,翼型的升阻比是最重要的性能,升阻比越大,风力机的功率性能越好。翼型的选用还涉及结构强度等要求,需综合考虑各种因素进行选择。

一旦翼型确定下来,那么根据其升力系数和阻力系数数据就能计算出升阻比最大时的攻角,可称之为最佳攻角,3.2 节已证明,最佳攻角也是使叶素功率最大的攻角。在升阻比变化不大的情况下,翼型的最佳攻角越小越好,攻角越小,尖速比可以设计得越大,有利于减小叶片的尺寸和重量。10.2 节将探讨最佳攻角对设计尖速比的影响。

10.2 确定设计尖速比

设计尖速比是在设计时给定的,是一个固定的常数值。设计尖速比既不能过小也不能过大。过小会导致叶片过宽过重、叶片数量增多、齿轮增速比过大,导致风力机生产和安装过程困难重重。设计尖速比也不能过大,过大叶片转速太快离心力很大,叶片可能震颤,叶尖可能产生啸叫声等。

当尖速比大于某一数值时,叶尖处($x=1$)的入流角可能会小于叶尖翼型的最佳攻角(升阻比最大时的攻角),由于扭角不能为负值(否则将严重降低风力机的启动性能),此时叶片就无法工作在最高升阻比状态,导致功率降低。

为获得功率最大化的较大的尖速比,应使叶尖处的入流角 φ 等于或大于叶尖翼型的最佳攻角 α_b(也就是使叶尖的扭角正好等于或大于 0),即

$$\tan\varphi \geqslant \tan\alpha_b \tag{10.1}$$

由图 2.2 和式(2.3),入流角 φ 可由下式计算

$$\tan\varphi = \frac{u}{w} = \frac{1-a}{1+\dfrac{a(1-a)}{\lambda^2}}\,\frac{1}{\lambda} = \frac{6\lambda}{9\lambda^2+2} = \frac{6\lambda_t x}{9\lambda_t^2 x^2+2} \tag{10.2}$$

叶尖处 $x=1$，所以有

$$\frac{6\lambda_t}{9\lambda_t^2+2} \geqslant \tan\alpha_b \tag{10.3}$$

解得

$$\lambda_{tmax} \leqslant \frac{1+\sqrt{1-2\tan^2\alpha_b}}{3\tan\alpha_b} \approx \frac{37.7}{\alpha_b} \tag{10.4}$$

式中，最佳攻角的单位是度。令 $x=1$，可得在叶尖具有最佳攻角的尖速比，与攻角的关系曲线图 10.1 所示。

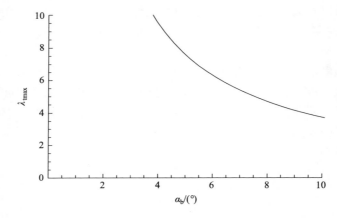

图 10.1　最大设计尖速比与最佳攻角之间的函数关系

若叶尖翼型的最佳攻角为 6.5°，则当设计尖速比为 5.8 时叶尖处的扭角刚好降低到 0，如图 10.2 所示。

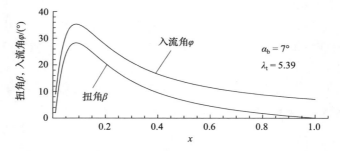

图 10.2　最佳攻角与尖速比对扭角和入流角的影响示例

　　还有一些翼型在零攻角时就能产生一定的升力系数,这类翼型一般具有较小的最佳攻角。例如,NACA4412 翼型当雷诺数约为 5×10^5 时,其零攻角升力系数约为 0.4,最大升阻比最大时的最佳攻角为 $3°$,此状态的升力系数约为 0.7,由式(10.4)计算,采用此种翼型的风力机的设计尖速比理论上最大可达到 12.5。

　　现代风力机的设计尖速比的常见范围是 $5 \sim 10$,设计时需综合考虑翼型最佳攻角、叶片生产成本、风力机安装难易度和叶尖噪声等多种因素确定一个具体值。

10.3　直线弦长设计

　　从图 9.2 中可以看出,修正后叶尖处的弦长降低到 0,其他位置的形状基本没变。这种弦长曲线也很复杂,不利于加工制作,必须主体段进行简化。本节仍采用切线法,并结合前述翼型数据以示例的形式说明如下。

　　设某翼型最佳攻角 α_b 为 $3.5°$,此攻角的升力系数为 0.85,阻力系数为 0.016。沿展向设置翼型不变,设风力机叶片数 $B=3$,设计尖速比取为 $\lambda_t = 6$,将这些参数值代入式(9.13),相对弦长在叶尖损失修正前后的弦长曲线形状如图 9.2 所示。

　　现对该弦长曲线进行分段简化。叶尖区($0.80 \leqslant x \leqslant 1$)弦长曲线保持不变;主体区($0.2 \leqslant x \leqslant 0.8$)在 $x=0.8$ 处作切线,如图 10.3 所示,将弦长曲线替换为直线;叶根区($0 \leqslant x \leqslant 0.1$)设叶根圆柱直径为 0.03;在叶根圆柱与叶片主体区之间设立过渡区,区间为($0.1 \leqslant x \leqslant 0.2$),弦长曲线暂以直线代替(第 12 章将给出圆滑过渡方法)。

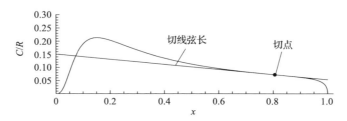

图 10.3　弦长曲线的切线简化方案

　　在 $x=0.8$ 的切点处的弦长为 0.0729,斜率为 -0.0974,因此切线方程为

$$\frac{C}{R} = -0.0974x + 0.1506 \tag{10.5}$$

　　当 $x=0.2$ 时,由切线方程得相对弦长为 0.1311,叶根圆柱直径为 0.03,因此过渡区间的直线方程为

$$\frac{C}{R} = 1.0110x - 0.0711 \tag{10.6}$$

简化后的叶片形状如图 10.4 中的折线所示。

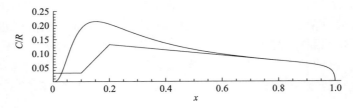

图 10.4 　弦长曲线的综合简化方案

可以看出，这种简化方法保留了叶片外侧高功率区的叶片形状，消减了叶根部位低功率区的大量材料，效率有所降低，但叶片尺寸、重量和制造难度都大幅度减小，设置的叶根圆柱还提高了叶片强度。

10.4　扭角修正与处理

前已述及，弦长发生变化后如不修正攻角或扭角，叶片就不再符合叶素-动量定理，可能不会工作在设计工况，因此需要重新调整升力系数沿展向的分布，调整的方法是使升力系数符合由叶素-动量定理推导的弦长公式，但需要反算升力系数，再算攻角和扭角。由式(9.13)，忽略阻力系数影响的升力系数为

$$C_L(x) = \frac{8\pi}{B} \frac{\bar{a}(1-\bar{a})x}{\dfrac{C}{R}\left(\lambda_t x + \dfrac{\bar{a}g}{\lambda_t xf}\right)\sqrt{\left(\lambda_t x + \dfrac{\bar{a}g}{\lambda_t xf}\right)^2 + g^2}} \tag{10.7}$$

式中，相对弦长 C/R 可以是用任何简化方法得到的表达式。

切线区($0.2 \leqslant x \leqslant 0.8$)的升力系数分布式为

$$C_L(x) = \frac{8\pi}{B} \frac{\bar{a}(1-\bar{a})x}{(-0.0974x + 0.1506)\left(\lambda_t x + \dfrac{\bar{a}g}{\lambda_t xf}\right)\sqrt{\left(\lambda_t x + \dfrac{\bar{a}g}{\lambda_t xf}\right)^2 + g^2}}$$

$$\tag{10.8}$$

每种翼型都可以通过改变扭角或攻角来满足上述升力系数的分布要求。举例来说，假如上述翼型的升力与攻角的关系为

$$C_L = 0.12(\alpha + 3.6) \tag{10.9}$$

式中，攻角的单位是度。切线区所需的沿展向分布的攻角表达式为

$$\alpha(x) = \frac{C_L(x)}{0.12} - 3.6$$

$$= \frac{200\pi}{3B} \frac{\bar{a}(1-\bar{a})x}{(-0.0974x+0.1506)\left(\lambda_{\mathrm t} x+\dfrac{\bar{a}g}{\lambda_{\mathrm t} xf}\right)\sqrt{\left(\lambda_{\mathrm t} x+\dfrac{\bar{a}g}{\lambda_{\mathrm t} xf}\right)^2+g^2}} - 3.6$$

$$(10.10)$$

有了入流角和攻角,可立即得到扭角。由于扭角和攻角之和等于入流角,由式(9.14)和上式得切线区的扭角为

$$\beta(x) = \varphi(x) - \alpha(x)$$

$$= \frac{180}{\pi}\arctan\frac{gf\lambda_{\mathrm t} x}{f\lambda_{\mathrm t}^2 x^2+\bar{a}g}$$

$$- \frac{200\pi}{3B} \frac{\bar{a}(1-\bar{a})x}{(-0.0974x+0.1506)\left(\lambda_{\mathrm t} x+\dfrac{\bar{a}g}{\lambda_{\mathrm t} xf}\right)\sqrt{\left(\lambda_{\mathrm t} x+\dfrac{\bar{a}g}{\lambda_{\mathrm t} xf}\right)^2+g^2}} + 3.6$$

$$(10.11)$$

叶尖区$(0.8\leqslant x\leqslant 1)$的弦长未变,其扭角也不用调整。将式(9.1)和式(9.2)代入式(10.11),最终调整后的叶片扭角函数图像如图 10.5 所示。

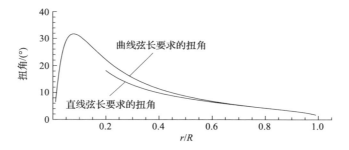

图 10.5　简化叶片扭角曲线

图 10.5 显示,当弦长变小时,所要求的扭角也会随之减小。只有做出这样对等的调整,叶片才不会偏离预定的设计工况。

8.1 节的分析指出,叶根部及过渡区$[0,0.2]$范围内贡献的功率系数仅占1.5%左右,所以此处予以忽略,不再进行计算。

10.5　实用叶片外形设计

前几节分别确定了叶片结构的全部三个要素:翼型、弦长和扭角。

翼型是选定的;弦长进行了简化处理:主体部分用切线法得到了直线弦长,设置了叶根,在叶根与直线弦长之间设置了过渡区,叶尖部分仍采用曲线弦长(弦长各部分之间的圆滑过渡问题将在第 12 章探讨);直线弦长要求的扭角可以通过计

算得到。

　　显然由上述步骤可以得到翼型、弦长和扭角函数（尽管可能是沿翼展的分段函数），有了这三个子函数就可以构建叶片函数，并通过生成叶片函数图像的方法得到实用叶片的立体图形。建立叶片函数及获取叶片立体图形的具体方法将在第 12 章进行详细研究，此处仅给出一个由叶片函数生成的三维图形的示例（图 10.6）。

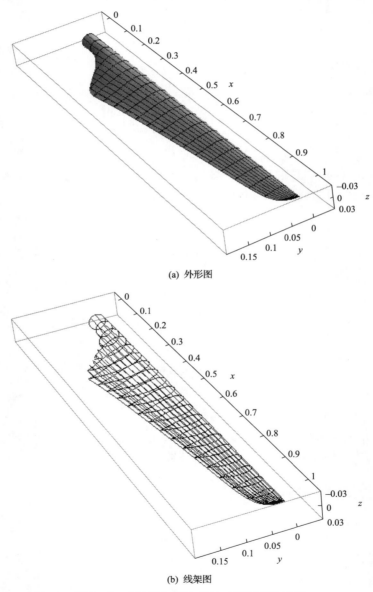

(a) 外形图

(b) 线架图

图 10.6　由叶片函数生成的三维图形的示例

10.6　本 章 小 结

理想叶片难以生产制造,且强度等性能不能满足实际流体环境的需要,必须进行改造才能实际使用。为此目的,本章从实用叶片结构设计角度,探讨了翼型选择,确定翼型升力系数和阻力系数及最佳攻角问题;给出了确定设计尖速比范围的基本方法;针对理想弦长曲线的简化问题,提出了在叶尖部位用切线生成直线弦长的方法;为使直线弦长符合叶素-动量理论,对叶片的扭角进行了重算,得到了新的扭角函数公式。确定以上这些要素后,叶片的结构和性能就可以基本确定,为第11 章计算实用叶片的性能打下了基础。

第 11 章　实用风力机性能计算

风力机的性能可以通过积分计算得到。如果叶片的弦长、扭角或升力和阻力系数是分段函数，那么积分时也必须分段计算。现在上一章的示例基础上探讨性能计算的具体方法。

11.1　功率性能计算

考虑叶尖损失后，根据图 2.2，由式(9.7)～式(9.9)，叶素功率为

$$\mathrm{d}P = \omega r \mathrm{d}F = \lambda U(\mathrm{d}L\sin\varphi - \mathrm{d}D\cos\varphi)$$

$$= \frac{1}{2}\rho C C_L \lambda U v^2 \sin\varphi \, \mathrm{d}r - \frac{1}{2}\rho C C_D v^2 \lambda U \cos\varphi \, \mathrm{d}r$$

$$= \frac{1}{2}\rho C C_L \lambda U \cdot U^2 \left[\left(\lambda + \frac{\bar{a}g}{\lambda f}\right)^2 + g^2\right] \frac{g}{\sqrt{\left(\lambda + \frac{\bar{a}g}{\lambda f}\right)^2 + g^2}} \mathrm{d}r$$

$$- \frac{1}{2}\rho C C_D \lambda U \cdot U^2 \left[\left(\lambda + \frac{\bar{a}g}{\lambda f}\right)^2 + g^2\right] \frac{\lambda + \frac{\bar{a}g}{\lambda f}}{\sqrt{\left(\lambda + \frac{\bar{a}g}{\lambda f}\right)^2 + g^2}} \mathrm{d}r$$

$$= \frac{1}{2}\rho U^3 C \lambda \left[g C_L - \left(\lambda + \frac{\bar{a}g}{\lambda f}\right) C_D\right] \sqrt{\left(\lambda + \frac{\bar{a}g}{\lambda f}\right)^2 + g^2} \, \mathrm{d}r \qquad (11.1)$$

对于 B 个叶片组成的风力机，将相对弦长公式(9.13)代入式(11.1)积分(已忽略阻力系数对弦长的影响)，得功率系数为

$$C_P = \frac{B}{\frac{1}{2}\rho U^3 \pi R^2} \int_R \frac{1}{2}\rho U^3 C \lambda \left[g C_L - \left(\lambda + \frac{\bar{a}g}{\lambda f}\right) C_D\right] \sqrt{\left(\lambda + \frac{\bar{a}g}{\lambda f}\right)^2 + g^2} \, \mathrm{d}r$$

$$= \frac{B}{\pi} \int_R \left(\frac{C}{R}\right) \cdot \lambda C_L \left[g - \left(\lambda + \frac{\bar{a}g}{\lambda f}\right) \frac{C_D}{C_L}\right] \sqrt{\left(\lambda + \frac{\bar{a}g}{\lambda f}\right)^2 + g^2} \, \mathrm{d}\left(\frac{r}{R}\right)$$

$$= \frac{B}{\pi} \int_R \frac{8\pi}{B} \frac{\bar{a}(1-\bar{a})x}{C_L \left(\lambda_t x + \frac{\bar{a}g}{\lambda_t xf}\right) \sqrt{\left(\lambda_t x + \frac{\bar{a}g}{\lambda_t xf}\right)^2 + g^2}}$$

$$\cdot \lambda C_L \left[g - \left(\lambda + \frac{\bar{a}g}{\lambda f}\right) \frac{C_D}{C_L}\right] \sqrt{\left(\lambda + \frac{\bar{a}g}{\lambda f}\right)^2 + g^2} \, \mathrm{d}\left(\frac{r}{R}\right)$$

$$= \int_R 8\bar{a}(1-\bar{a})\lambda_t x^2 \left[\frac{g}{\lambda_t x + \dfrac{\bar{a}g}{\lambda_t xf}} - \frac{C_D}{C_L} \right] \mathrm{d}x \tag{11.2}$$

这是计算功率系数的通用公式。当阻力系数为 0，或尖速比为无穷大时，该式将转化为实用风力机的最高功率性能公式，与式(9.18)相同。从式(11.2)观察，实际风力机功率性能公式的被积函数是阻力-升力比值与实际风力机最高功率性能公式的被积函数之差，显然升阻比越高，实际风力机的功率系数就会越高。

为进一步说明性能的计算方法，仍以第 10 章采用的数据作为示例，主要计算条件为：翼型的升力、阻力系数与攻角的关系是

$$C_L = 0.12(\alpha + 3.6) \tag{11.3}$$

$$C_D = 0.012 + 1.052\,(\pi\alpha/180)^2 \tag{11.4}$$

式中，攻角的单位是度。令 $\partial(C_L/C_D)/\partial\alpha = 0$，得最大升阻比时的最佳攻角 α_b 为 $3.5°$，此攻角的升力系数为 0.85，阻力系数为 0.016。其他计算条件为：沿展向设置翼型不变，设风力机叶片数 $B=3$，设计尖速比取为 $\lambda_t = 6$。

由于弦长和扭角是分段函数，所以需分段积分计算。将式(9.1)、式(9.2)、式(9.6)、式(11.3)、式(11.4)及攻角表达式(10.10)代入式(11.2)，经过数值积分可得切线区($0.2 \leqslant x \leqslant 0.8$)的功率系数为

$$C_{P1} = \int_{0.2}^{0.8} 8\bar{a}(1-\bar{a})\lambda_t x^2 \left[\frac{g}{\lambda_t x + \dfrac{\bar{a}g}{\lambda_t xf}} - \frac{C_D}{C_L} \right] \mathrm{d}x$$

$$= \int_{0.2}^{0.8} 8\bar{a}(1-\bar{a})\lambda_t x^2 \left[\frac{g}{\lambda_t x + \dfrac{\bar{a}g}{\lambda_t xf}} - \frac{0.012 + 1.052\,(\pi\alpha/180)^2}{0.12\,(\alpha + 3.6)} \right] \mathrm{d}x$$

$$= \int_{0.2}^{0.8} 48\bar{a}(1-\bar{a})x^2 \left[\frac{g}{6x + \dfrac{\bar{a}g}{6xf}} \right.$$

$$\left. - \frac{0.012 + 1.052\left\{ \pi\left[\dfrac{200\pi}{9} \dfrac{\bar{a}(1-\bar{a})x}{(-0.0974x + 0.1506)\left(6x + \frac{\bar{a}g}{6xf}\right)\sqrt{\left(6x + \frac{\bar{a}g}{6xf}\right)^2 + g^2}} - 3.6 \right] \middle/ 180 \right\}^2}{0.12 \cdot \dfrac{200\pi}{9} \dfrac{\bar{a}(1-\bar{a})x}{(-0.0974x + 0.1506)\left(6x + \frac{\bar{a}g}{\lambda_t xf}\right)\sqrt{\left(6x + \frac{\bar{a}g}{6xf}\right)^2 + g^2}}} \right] \mathrm{d}x$$

$$= 0.3107 \tag{11.5}$$

叶尖区域的攻角均为最佳攻角($3.5°$)，功率系数为

$$C_{P2} = \int_{0.8}^{1} 8\bar{a}(1-\bar{a})\lambda_t x^2 \left[\frac{g}{\lambda_t x + \dfrac{\bar{a}g}{\lambda_t xf}} - \frac{C_D}{C_L} \right] dx$$

$$= \int_{0.8}^{1} 8\bar{a}(1-\bar{a})\lambda_t x^2 \left[\frac{g}{\lambda_t x + \dfrac{\bar{a}g}{\lambda_t xf}} - \frac{0.012 + 1.052\,(3.5\pi/180)^2}{0.12 \times (3.5 + 3.6)} \right] dx$$

$$= 0.1475 \tag{11.6}$$

整个叶片总的功率系数是

$$C_P = C_{P1} + C_{P2} = 0.3107 + 0.1475 = 0.4582 \tag{11.7}$$

11.2　转矩性能计算

考虑叶尖损失后,根据图 2.2,由式(9.7)～式(9.9),叶素转矩为

$$dM = rdF = r(dL\sin\varphi - dD\cos\varphi)$$

$$= \frac{1}{2}\rho C C_L v^2 \sin\varphi \cdot r\,dr - \frac{1}{2}\rho C C_D v^2 \cos\varphi \cdot r\,dr$$

$$= \frac{1}{2}\rho C C_L \cdot U^2 \left[\left(\lambda + \frac{\bar{a}g}{\lambda f}\right)^2 + g^2 \right] \frac{g}{\sqrt{\left(\lambda + \dfrac{\bar{a}g}{\lambda f}\right)^2 + g^2}} r\,dr$$

$$- \frac{1}{2}\rho C C_D \cdot U^2 \left[\left(\lambda + \frac{\bar{a}g}{\lambda f}\right)^2 + g^2 \right] \frac{\lambda + \dfrac{\bar{a}g}{\lambda f}}{\sqrt{\left(\lambda + \dfrac{\bar{a}g}{\lambda f}\right)^2 + g^2}} r\,dr$$

$$= \frac{1}{2}\rho U^2 C \left[gC_L - \left(\lambda + \frac{\bar{a}g}{\lambda f}\right)C_D \right] \sqrt{\left(\lambda + \frac{\bar{a}g}{\lambda f}\right)^2 + g^2} \cdot r\,dr \tag{11.8}$$

对于 B 个叶片组成的风力机,将相对弦长公式(9.13)代入式(11.8)积分(已忽略阻力系数对弦长的影响),得转矩系数为

$$C_M = \frac{B}{\dfrac{1}{2}\rho U^2 \pi R^3} \int_R \frac{1}{2}\rho U^2 C \left[gC_L - \left(\lambda + \frac{\bar{a}g}{\lambda f}\right)C_D \right] \sqrt{\left(\lambda + \frac{\bar{a}g}{\lambda f}\right)^2 + g^2} \cdot r\,dr$$

$$= \frac{B}{\pi} \int_R \left(\frac{C}{R}\right) \cdot \left[gC_L - \left(\lambda + \frac{\bar{a}g}{\lambda f}\right)C_D \right] \sqrt{\left(\lambda + \frac{\bar{a}g}{\lambda f}\right)^2 + g^2} \cdot \left(\frac{r}{R}\right) d\left(\frac{r}{R}\right)$$

$$= \frac{B}{\pi} \int_0^1 \frac{8\pi}{B} \frac{\bar{a}(1-\bar{a})x}{C_L\left(\lambda_t x + \dfrac{\bar{a}g}{\lambda_t xf}\right)\sqrt{\left(\lambda + \dfrac{\bar{a}g}{\lambda f}\right)^2 + g^2}}$$

$$\cdot \left[gC_L - \left(\lambda_t x + \frac{\bar{a}g}{\lambda_t xf} \right) C_D \right] \sqrt{ \left(\lambda + \frac{\bar{a}g}{\lambda f} \right)^2 + g^2 } \cdot x \, \mathrm{d}x$$

$$= \int_0^1 8\bar{a}(1-\bar{a})x^2 \left[\frac{g}{\lambda_t x + \frac{\bar{a}g}{\lambda_t xf}} - \frac{C_D}{C_L} \right] \mathrm{d}x \tag{11.9}$$

这是计算转矩系数的通用公式。当阻力系数为 0，或尖速比为无穷大时，该式转化为实用风力机的最高转矩性能公式，与式(9.22)相同。

由于弦长和扭角是分段函数，所以需分段积分计算。将式(9.1)、式(9.2)、式(9.6)、式(11.3)、式(11.4)及攻角表达式(10.10)代入式(11.9)，经过数值积分可得切线区($0.2 \leqslant x \leqslant 0.8$)的转矩系数为

$$C_{M1} = \int_{0.2}^{0.8} 8\bar{a}(1-\bar{a})x^2 \left[\frac{g}{\lambda_t x + \frac{\bar{a}g}{\lambda_t xf}} - \frac{C_D}{C_L} \right] \mathrm{d}x$$

$$= \int_{0.2}^{0.8} 8\bar{a}(1-\bar{a})x^2 \left[\frac{g}{\lambda_t x + \frac{\bar{a}g}{\lambda_t xf}} - \frac{0.012 + 1.052\,(\pi a/180)^2}{0.12(a+3.6)} \right] \mathrm{d}x$$

$$= \int_{0.2}^{0.8} 48\bar{a}(1-\bar{a})x^2 \left[\frac{g}{6x + \frac{\bar{a}g}{6xf}} \right.$$

$$\left. - \frac{0.012 + 1.052 \left\{ \pi \left[\frac{200\pi}{9} \frac{\bar{a}(1-\bar{a})x}{(-0.0974x + 0.1506) \left(6x + \frac{\bar{a}g}{6xf} \right) \sqrt{ \left(6x + \frac{\bar{a}g}{6xf} \right)^2 + g^2 }} - 3.6 \right] \middle/ 180 \right\}^2 }{0.12 \cdot \frac{200\pi}{9} \frac{\bar{a}(1-\bar{a})x}{(-0.0974x + 0.1506) \left(6x + \frac{\bar{a}g}{\lambda_t xf} \right) \sqrt{ \left(6x + \frac{\bar{a}g}{6xf} \right)^2 + g^2 }}} \right] \mathrm{d}x$$

$$= 0.0518 \tag{11.10}$$

叶尖区域的攻角均为最佳攻角($3.5°$)，转矩系数为

$$C_{M2} = \int_{0.8}^1 8\bar{a}(1-\bar{a})x^2 \left[\frac{g}{\lambda_t x + \frac{\bar{a}g}{\lambda_t xf}} - \frac{C_D}{C_L} \right] \mathrm{d}x$$

$$= \int_{0.8}^1 8\bar{a}(1-\bar{a})x^2 \left[\frac{g}{\lambda_t x + \frac{\bar{a}g}{\lambda_t xf}} - \frac{0.012 + 1.052\,(3.5\pi/180)^2}{0.12 \times (3.5 + 3.6)} \right] \mathrm{d}x$$

$$= 0.0246 \tag{11.11}$$

整个叶片总的转矩系数是

$$C_M = C_{M1} + C_{M2} = 0.0518 + 0.0246 = 0.0764 \qquad (11.12)$$

11.3　升力性能计算

考虑叶尖损失后,根据图 2.2,由式(9.7)～式(9.9),叶素升力为

$$
\begin{aligned}
\mathrm{d}F &= \mathrm{d}L\sin\varphi - \mathrm{d}D\cos\varphi \\
&= \frac{1}{2}\rho C C_L v^2 \sin\varphi\,\mathrm{d}r - \frac{1}{2}\rho C C_D v^2 \cos\varphi\,\mathrm{d}r \\
&= \frac{1}{2}\rho C C_L \cdot U^2\left[\left(\lambda+\frac{\bar{a}g}{\lambda f}\right)^2 + g^2\right]\frac{g}{\sqrt{\left(\lambda+\frac{\bar{a}g}{\lambda f}\right)^2 + g^2}}\,\mathrm{d}r \\
&\quad -\frac{1}{2}\rho C C_D \cdot U^2\left[\left(\lambda+\frac{\bar{a}g}{\lambda f}\right)^2 + g^2\right]\frac{\lambda+\frac{\bar{a}g}{\lambda f}}{\sqrt{\left(\lambda+\frac{\bar{a}g}{\lambda f}\right)^2 + g^2}}\,\mathrm{d}r \\
&= \frac{1}{2}\rho U^2 C\left[gC_L - \left(\lambda+\frac{\bar{a}g}{\lambda f}\right)C_D\right]\sqrt{\left(\lambda+\frac{\bar{a}g}{\lambda f}\right)^2 + g^2}\,\mathrm{d}r \qquad (11.13)
\end{aligned}
$$

对于 B 个叶片组成的风力机,将相对弦长公式(9.13)代入式(11.13)积分(忽略阻力系数对弦长的影响),得升力系数

$$
\begin{aligned}
C_F &= \frac{B}{\frac{1}{2}\rho U^2 \pi R^2}\int_R \frac{1}{2}\rho U^2 C\left[gC_L - \left(\lambda+\frac{\bar{a}g}{\lambda f}\right)C_D\right]\sqrt{\left(\lambda+\frac{\bar{a}g}{\lambda f}\right)^2 + g^2}\,\mathrm{d}r \\
&= \frac{B}{\pi}\int_R \left(\frac{C}{R}\right)\cdot\left[gC_L - \left(\lambda+\frac{\bar{a}g}{\lambda f}\right)C_D\right]\sqrt{\left(\lambda+\frac{\bar{a}g}{\lambda f}\right)^2 + g^2}\,\mathrm{d}\left(\frac{r}{R}\right) \\
&= \frac{B}{\pi}\int_0^1 \frac{8\pi}{B}\frac{\bar{a}(1-\bar{a})x}{C_L\left(\lambda_t x+\frac{\bar{a}g}{\lambda_t xf}\right)\sqrt{\left(\lambda+\frac{\bar{a}g}{\lambda f}\right)^2 + g^2}} \\
&\quad \cdot\left[gC_L - \left(\lambda_t x+\frac{\bar{a}g}{\lambda_t xf}\right)C_D\right]\sqrt{\left(\lambda+\frac{\bar{a}g}{\lambda f}\right)^2 + g^2}\,\mathrm{d}x \\
&= \int_0^1 8\bar{a}(1-\bar{a})x\left[\frac{g}{\lambda_t x+\frac{\bar{a}g}{\lambda_t xf}} - \frac{C_D}{C_L}\right]\mathrm{d}x \qquad (11.14)
\end{aligned}
$$

这是计算升力系数的通用公式。当阻力系数为 0,或尖速比为无穷大时,该式转化为实用风力机的最高升力性能公式,与式(9.26)相同。

由于弦长和扭角是分段函数,所以需分段积分计算。将式(9.1)、式(9.2)、

式(9.6)、式(11.3)、式(11.4)及攻角表达式(10.10)代入式(11.9),经过数值积分可得切线区(0.2≤x≤0.8)的升力系数为

$$C_{F1} = \int_{0.2}^{0.8} 8\bar{a}(1-\bar{a})x \left[\frac{g}{\lambda_t x + \dfrac{\bar{a}g}{\lambda_t xf}} - \frac{C_D}{C_L} \right] \mathrm{d}x$$

$$= \int_{0.2}^{0.8} 8\bar{a}(1-\bar{a})x \left[\frac{g}{\lambda_t x + \dfrac{\bar{a}g}{\lambda_t xf}} - \frac{0.012 + 1.052\,(\pi a/180)^2}{0.12(a+3.6)} \right] \mathrm{d}x$$

$$= \int_{0.2}^{0.8} 48\bar{a}(1-\bar{a})x \left[\frac{g}{6x + \dfrac{\bar{a}g}{6xf}} \right.$$

$$\left. - \frac{0.012 + 1.052 \left\{ \pi \left[\dfrac{200\pi}{9} \dfrac{\bar{a}(1-\bar{a})x}{(-0.0974x+0.1506)\left(6x+\dfrac{\bar{a}g}{6xf}\right)\sqrt{\left(6x+\dfrac{\bar{a}g}{6xf}\right)^2+g^2}} - 3.6 \right] \middle/ 180 \right\}^2}{0.12 \cdot \dfrac{200\pi}{9} \dfrac{\bar{a}(1-\bar{a})x}{(-0.0974x+0.1506)\left(6x+\dfrac{\bar{a}g}{\lambda_t xf}\right)\sqrt{\left(6x+\dfrac{\bar{a}g}{6xf}\right)^2+g^2}}} \right] \mathrm{d}x$$

$$= 0.1034 \tag{11.15}$$

叶尖区域的攻角均为最佳攻角(3.5°),升力系数为

$$C_{F2} = \int_{0.8}^{1} 8\bar{a}(1-\bar{a})x \left[\frac{g}{\lambda_t x + \dfrac{\bar{a}g}{\lambda_t xf}} - \frac{C_D}{C_L} \right] \mathrm{d}x$$

$$= \int_{0.8}^{1} 8\bar{a}(1-\bar{a})x \left[\frac{g}{\lambda_t x + \dfrac{\bar{a}g}{\lambda_t xf}} - \frac{0.012 + 1.052\,(3.5\pi/180)^2}{0.12 \times (3.5+3.6)} \right] \mathrm{d}x$$

$$= 0.0276 \tag{11.16}$$

整个叶片总的升力系数是

$$C_F = C_{F1} + C_{F2} = 0.1034 + 0.0276 = 0.1310 \tag{11.17}$$

11.4　推力性能计算

考虑叶尖损失后,根据图 2.2,由式(9.7)~式(9.9)可得叶素轴向总推力

$$\mathrm{d}T = \mathrm{d}L_u + \mathrm{d}D_u = \mathrm{d}L\cos\varphi + \mathrm{d}D\sin\varphi$$

$$= \frac{1}{2}\rho C C_L v^2 \cos\varphi \,\mathrm{d}r + \frac{1}{2}\rho C C_D v^2 \sin\varphi \,\mathrm{d}r$$

$$= \frac{1}{2}\rho C C_L \cdot U^2 \left[\left(\lambda + \frac{\bar{a}g}{\lambda f}\right)^2 + g^2\right] \frac{\lambda + \frac{\bar{a}g}{\lambda f}}{\sqrt{\left(\lambda + \frac{\bar{a}g}{\lambda f}\right)^2 + g^2}} \mathrm{d}r$$

$$+ \frac{1}{2}\rho C C_D \cdot U^2 \left[\left(\lambda + \frac{\bar{a}g}{\lambda f}\right)^2 + g^2\right] \frac{g}{\sqrt{\left(\lambda + \frac{\bar{a}g}{\lambda f}\right)^2 + g^2}} \mathrm{d}r$$

$$= \frac{1}{2}\rho U^2 C\left[\left(\lambda + \frac{\bar{a}g}{\lambda f}\right)C_L + g C_D\right]\sqrt{\left(\lambda + \frac{\bar{a}g}{\lambda f}\right)^2 + g^2}\,\mathrm{d}r \qquad (11.18)$$

对于 B 个叶片组成的风力机,将相对弦长公式(9.13)代入式(11.18)积分(忽略阻力系数对弦长的影响),得推力系数为

$$C_T = \frac{B}{\frac{1}{2}\rho U^2 \pi R^2}\int_R \frac{1}{2}\rho U^2 C\left[\left(\lambda + \frac{\bar{a}g}{\lambda f}\right)C_L + g C_D\right]\sqrt{\left(\lambda + \frac{\bar{a}g}{\lambda f}\right)^2 + g^2}\,\mathrm{d}r$$

$$= \frac{B}{\pi}\int_R \left(\frac{C}{R}\right) \cdot \left[\left(\lambda + \frac{\bar{a}g}{\lambda f}\right)C_L + g C_D\right]\sqrt{\left(\lambda + \frac{\bar{a}g}{\lambda f}\right)^2 + g^2}\,\mathrm{d}\left(\frac{r}{R}\right)$$

$$= \frac{B}{\pi}\int_0^1 \frac{8\pi}{B} \frac{\bar{a}(1-\bar{a})x}{\left[\left(\lambda_t x + \frac{\bar{a}g}{\lambda_t x f}\right)C_L + g C_D\right]\sqrt{\left(\lambda + \frac{\bar{a}g}{\lambda f}\right)^2 + g^2}}$$

$$\cdot \left[\left(\lambda + \frac{\bar{a}g}{\lambda f}\right)C_L + g C_D\right]\sqrt{\left(\lambda + \frac{\bar{a}g}{\lambda f}\right)^2 + g^2}\,\mathrm{d}x$$

$$= \int_0^1 8\bar{a}(1-\bar{a})x\,\mathrm{d}x$$

$$= 0.8539 \qquad (11.19)$$

11.5　本　章　小　结

本章在第 10 章获得实用叶片结构主要要素的基础上,利用叶素-动量理论推导出用该叶片组成的实际风力机的功率、转矩、升力和推力性能计算公式,结合示例进行了各种性能的数值积分计算,得到了示例叶片的功率、转矩、升力和推力性能的具体结果。研究表明,实用叶片的性能能够通过解析计算的方法得到;研究还表明。对理想叶片的简化方式(切点位置、直线弦长段的长度等)直接影响叶片性能。

第 12 章　叶片函数化设计法

如果叶片的翼型、弦长和扭角函数已经得到，那么必然能通过生成函数图像的方式获得叶片的三维图像，实现叶片外形的函数化设计。叶片外形是结构十分复杂的曲面，所以建立曲面函数并生成复杂曲面的过程相当困难，相关的研究文献也很少。但建立叶片数学模型具有重要的意义，一是数学模型能反映叶片结构的本质规律，人们可通过函数的形态进一步加深对叶片结构的认识；二是可利用数学模型进行叶片的函数化设计，通过调整数学表达式的结构或参数值来生成各种形态的叶片图像，以便把叶片设计中的大量烦琐工作交由数学软件自动完成。

本书将用叶片函数生成叶片立体图像的方法称为叶片函数化设计法。本章将利用翼型、弦长和扭角这 3 个子函数构建风力机叶片函数（也称叶片的数学模型）的通用表达式，并研究通过数学软件生成叶片三维立体图的方法。

绘制风力机叶片三维立体图的目的主要有两个：一是为进行结构动力学和流体动力学数值分析建模[71]，二是为了加工制造。目前基于各种专业绘图软件的叶片三维造型设计方法和实例已有较多报道[72,73]，大部分是侧重于造型的单个方面的研究，共同特点是将翼型的离散坐标点经过坐标变换输入到 Pro/E、Solid-Works、UG 等大型绘图软件中经手工光顺或修改生成叶片立体图。用函数化设计法绘制风力机叶片三维图形的不同点在于：采用一般数学软件绘制，输入软件的是函数表达式而不是离散坐标点，因此得到的结果是叶片曲面的函数图像。只需给出翼型型线表达式、弦长沿翼展变化表达式和扭角沿翼展变化表达式，就可以利用数学软件迅速绘制叶片的立体图形，比用大型绘图软件手工绘制更方便、快捷和精确，特别有利于对设计的分析和修改。

12.1　风力机叶片的数学模型

水平轴风力机叶片的数学模型是反映叶片实体外形的数学表达式，可以是一个独立方程，也可以是一组参数方程。在本书中，叶片数学模型还包括利用数学表达式生成叶片三维模型（立体图像）的含义。

12.1.1　翼型函数的坐标变换

翼型型线可表示成相对于弦长 C 的无纲量方程，其一般形式为

$$z_C = f(y_C) \tag{12.1}$$

式中，z_C 和 y_C 分别表示翼型相对于弦长 C 的纵坐标和横坐标，翼型坐标系及翼型函数图像示例如图 12.1 所示。

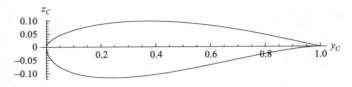

图 12.1　翼型及翼型坐标系示例

在研究整个叶片时，需另外建立 $Oxyz$ 坐标系（可称为叶片坐标系，参见图 12.2），y 轴和 z 轴分别与扭角为 0 时翼型坐标系中的 y_C 轴和 z_C 轴重合，即 y 轴为翼型弦线方向（由前缘指向后缘为正），z 轴与远方风速方向相同，x 轴与 Oyz 平面垂直（由叶根指向叶尖方向为正）。

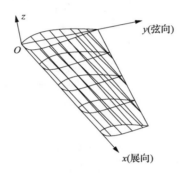

图 12.2　叶片坐标系示例

叶片弦长 C 沿翼展变化，弦长函数可表示为 $C = C(x)$。在叶片坐标系中需将翼型相对于弦长 C 的坐标转换成相对于叶片长度 R 的坐标。翼型横坐标转换表达式为

$$y_R = \frac{C(x)}{R} y_C \tag{12.2}$$

还需将翼型表面的纵坐标也转换为相对于叶片长度 R 的坐标，转换表达式为

$$z_R = \frac{C(x)}{R} z_C = \frac{C(x)}{R} f(y_C) \tag{12.3}$$

因此，叶片表面是关于 x 和 y_C 的曲面。

12.1.2　扭角的旋转变换

现考察叶片扭角的旋转变换，即让翼型按扭角值在三维空间旋转。扭角 β 沿

翼展变化,扭角函数可表示为 $\beta=\beta(x)$。从 x 轴(展向)观察,相当于 Ozy 平面不变而按扭角旋转翼型曲线,旋转变换方程为[74]

$$\begin{cases} y = y_R\cos\beta - z_R\sin\beta \\ z = y_R\sin\beta + z_R\cos\beta \end{cases} \tag{12.4}$$

显然当扭角 $\beta=0$ 时,有 $y=y_R$,$z=z_R$。将式(12.2)和式(12.3)代入式(12.4),得到有扭角的翼型在三维空间的表达式

$$\begin{cases} y = \dfrac{C(x)}{R}y_C\cos\beta(x) - \dfrac{C(x)}{R}f(y_C)\sin\beta(x) \\ z = \dfrac{C(x)}{R}y_C\sin\beta(x) + \dfrac{C(x)}{R}f(y_C)\cos\beta(x) \end{cases} \tag{12.5}$$

12.1.3　建立叶片数学模型

在式(12.5)中消除 $f(y_C)$ 可得

$$y_C = \frac{R}{C}(y\cos\beta + z\sin\beta) \tag{12.6}$$

将此式代入式(12.5)的第 2 个方程,得到叶片表面的一般方程为

$$z = (y\cos\beta + z\sin\beta)\sin\beta + \frac{C}{R}f\left(\frac{R}{C}y\cos\beta + \frac{R}{C}z\sin\beta\right)\cos\beta \tag{12.7}$$

式中,$f(\,\cdot\,)$ 表示函数。式(12.7)中弦长 C 和扭角 β 的自变量都是展向坐标 x。

该曲面方程难以表示成显函数的形式,对绘制图像不利。为方便绘制曲面图像,考虑将叶片表面方程转换为参数方程的显函数形式。对于每个 x_R 位置(展向某处到 Oyz 平面相对于 R 的距离),式(12.5)都成立,x_R 和 y_C 可看成参变量,因此根据式(12.5),叶片表面的参数方程为

$$\begin{cases} x = x_R \\ y = \dfrac{C(x_R)}{R}y_C\cos\beta(x_R) - \dfrac{C(x_R)}{R}f(y_C)\sin\beta(x_R) \\ z = \dfrac{C(x_R)}{R}y_C\sin\beta(x_R) + \dfrac{C(x_R)}{R}f(y_C)\cos\beta(x_R) \end{cases} \tag{12.8}$$

式中,参变量 x_R 和 y_C 具有明确的几何意义:x_R 为叶片展向相对位置,y_C 为翼型弦向相对位置,这两个参变量的变化区间均为[0,1]。用该方程组计算得到的叶片表面空间坐标 (x,y,z) 都是关于叶片长度 R 的相对值,若乘以 R 将得到实际空间坐标。

叶片表面的一般方程(12.7)或叶片表面的参数方程(12.8)就是叶片通用数学模型。式(12.8)的几何意义很容易理解:即对叶片的每一个展向位置(第 1 个方

程），方程组中的后两个方程表示该位置的横截面的翼型形状，并考虑了扭角的旋转作用和单位的一致性。

12.1.4　生成叶片图像示例

用函数化设计法生成叶片三维图像需要将翼型函数 $f(y_C)$、扭角 β 和弦长 C 的具体表达式代入叶片表面参数方程（12.8）中。现给出一个生成理想叶片的示例。

设翼型型线表达式为

$$f_u(y_C) = 0.2y_C(1 - y_C) + 0.17y_C^{0.5}(1 - y_C)^{1.5} \tag{12.9}$$

$$f_1(y_C) = 0.02y_C(1 - y_C) - 0.37y_C^{0.5}(1 - y_C)^{1.5} \tag{12.10}$$

其形状如图 12.1 所示。

设翼型最佳攻角 α 为 $3.5°$，此攻角的升力系数为 0.85。设沿展向翼型不变，风力机的设计尖速比 $\lambda_t = 6$。将这些数值代入式（3.13），得扭角沿展向变化表达式为

$$\beta(x) = \arctan\frac{36x}{324x^2 + 2} - 3.5° \tag{12.11}$$

将上述数值代入式（8.8），忽略阻力系数的影响，得弦长沿展向变化表达式为

$$C(x) = \frac{16\pi R}{27}\frac{x}{0.85\left(6x + \dfrac{2}{54x}\right)\sqrt{\left(6x + \dfrac{2}{54x}\right)^2 + \left(\dfrac{2}{3}\right)^2}} \tag{12.12}$$

将扭角公式（12.11）、弦长公式（12.12）、上型线公式（12.9）代入叶片函数公式（12.8）即可得到上型线形成的叶片曲面函数：

$$\begin{cases}
x = x_R \\[2mm]
y = \dfrac{16\pi R}{27}\dfrac{x_R y_C}{0.85\left(6x_R + \dfrac{2}{54x_R}\right)\sqrt{\left(6x_R + \dfrac{2}{54x_R}\right)^2 + \left(\dfrac{2}{3}\right)^2}}\cos\left(\arctan\dfrac{36x}{324x^2 + 2} - 3.5°\right) \\[4mm]
\quad - \dfrac{16\pi R}{27}\dfrac{x_R\left[0.2y_C(1 - y_C) + 0.17y_C^{0.5}(1 - y_C)^{1.5}\right]}{0.85\left(6x_R + \dfrac{2}{54x_R}\right)\sqrt{\left(6x_R + \dfrac{2}{54x_R}\right)^2 + \left(\dfrac{2}{3}\right)^2}}\sin\left(\arctan\dfrac{36x}{324x^2 + 2} - 3.5°\right) \\[4mm]
z = \dfrac{16\pi R}{27}\dfrac{x_R y_C}{0.85\left(6x_R + \dfrac{2}{54x_R}\right)\sqrt{\left(6x_R + \dfrac{2}{54x_R}\right)^2 + \left(\dfrac{2}{3}\right)^2}}\sin\left(\arctan\dfrac{36x}{324x^2 + 2} - 3.5°\right) \\[4mm]
\quad + \dfrac{16\pi R}{27}\dfrac{x_R\left[0.2y_C(1 - y_C) + 0.17y_C^{0.5}(1 - y_C)^{1.5}\right]}{0.85\left(6x_R + \dfrac{2}{54x_R}\right)\sqrt{\left(6x_R + \dfrac{2}{54x_R}\right)^2 + \left(\dfrac{2}{3}\right)^2}}\cos\left(\arctan\dfrac{36x}{324x^2 + 2} - 3.5°\right)
\end{cases}$$

$$\tag{12.13}$$

将扭角公式(12.11)、弦长公式(12.12)、下型线公式(12.10)代入叶片函数公式(12.8)即可得到下型线形成的叶片曲面函数：

$$
\begin{cases}
x = x_R \\
y = \dfrac{16\pi R}{27}\dfrac{x_R y_C}{0.85\left(6x_R + \dfrac{2}{54x_R}\right)\sqrt{\left(6x_R + \dfrac{2}{54x_R}\right)^2 + \left(\dfrac{2}{3}\right)^2}}\cos\left(\arctan\dfrac{36x}{324x^2 + 2} - 3.5°\right) \\
\quad -\dfrac{16\pi R}{27}\dfrac{x_R\left[0.02y_C(1 - y_C) - 0.37y_C^{0.5}(1 - y_C)^{1.5}\right]}{0.85\left(6x_R + \dfrac{2}{54x_R}\right)\sqrt{\left(6x_R + \dfrac{2}{54x_R}\right)^2 + \left(\dfrac{2}{3}\right)^2}}\sin\left(\arctan\dfrac{36x}{324x^2 + 2} - 3.5°\right) \\
z = \dfrac{16\pi R}{27}\dfrac{x_R y_C}{0.85\left(6x_R + \dfrac{2}{54x_R}\right)\sqrt{\left(6x_R + \dfrac{2}{54x_R}\right)^2 + \left(\dfrac{2}{3}\right)^2}}\sin\left(\arctan\dfrac{36x}{324x^2 + 2} - 3.5°\right) \\
\quad +\dfrac{16\pi R}{27}\dfrac{x_R\left[0.02y_C(1 - y_C) - 0.37y_C^{0.5}(1 - y_C)^{1.5}\right]}{0.85\left(6x_R + \dfrac{2}{54x_R}\right)\sqrt{\left(6x_R + \dfrac{2}{54x_R}\right)^2 + \left(\dfrac{2}{3}\right)^2}}\cos\left(\arctan\dfrac{36x}{324x^2 + 2} - 3.5°\right)
\end{cases}
$$

$$(12.14)$$

式中，x_R 为叶片展向相对位置；y_C 为翼型弦向相对位置，这两个参变量的变化区间均为 $[0, 1]$。有了叶片函数，就可用 Mathematica 等数学软件迅速绘出叶片立体图像(具体绘制方法参见 12.3 节)，其形状如图 12.3 所示。

如果将叶根设置在翼弦的中点部位(翼型的中点位于 x 轴)，则立体图形如图 3.4 所示。

理想叶片的翼型是选定的，而弦长和扭角是理论推导的结果。实际应用时弦长和扭角还要考虑叶根、叶尖损失修正，并进行适合加工制作的简化处理，因此理想叶片与实际叶片形状有较大的区别。

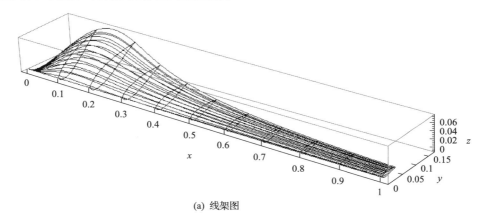

(a) 线架图

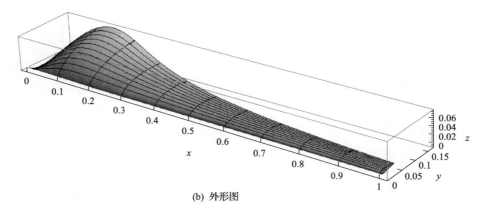

(b) 外形图

图 12.3　理想叶片立体图示例

12.2　翼型之间的圆滑过渡

理想叶片的重要特点是翼型沿展向保持一致,且扭角和弦长曲线沿展向不分段。简化叶片或实用叶片则不同,弦长曲线分为叶尖段、叶根段、弦长直线段和过渡段,另外叶片沿展向并不规则,有的叶片采用了多个翼型,相邻翼型之间需圆滑过渡,使表面尽可能光顺。即使只使用一种翼型,也有叶根圆柱与叶片翼型之间的圆滑过渡问题。

叶根圆柱与叶片翼型之间的过渡可采用样条插值函数实现[75,76]。大型绘图软件使用自带的"可视"算法对叶片曲面进行光滑性检查与修整,例如,UG 的外观造型模式中,利用"曲率梳"和"光影分析"工具进行分析检查,手工进行裁剪和补齐操作,实现曲面的圆滑过渡。

本节探讨用函数的方法实现不同空间位置之间的圆滑过渡问题。

12.2.1　正弦曲线光顺法

设翼型过渡区分布在翼展相对位置 x_1 和 x_2 两个截面之间,需对翼型的所有参数进行圆滑过渡。圆滑过渡的方法可以有很多种,本节探讨用约 1/2 周期的正弦曲线的最低点和最高点连接不同位置参数的方法,可简称为正弦曲线光顺法。

设 x_1 和 x_2 两个截面处对应的两个不等的参数分别为 P_1 和 P_2,可以用一条1/2周期的正弦曲线将这两个参数圆滑地连接起来,曲线方程为

$$P_{12}(x) = \frac{P_1 + P_2}{2} - \frac{P_1 - P_2}{2} \sin \frac{\pi(2x - x_1 - x_2)}{2(x_2 - x_1)} \tag{12.15}$$

容易证明该曲线的 2 个端点分别为 P_1 和 P_2:

$$P_{12}(x_1) = \frac{P_1 + P_2}{2} - \frac{P_1 - P_2}{2} \sin \frac{\pi(2x_1 - x_1 - x_2)}{2(x_2 - x_1)} = P_1 \qquad (12.16)$$

$$P_{12}(x_2) = \frac{P_1 + P_2}{2} - \frac{P_1 - P_2}{2} \sin \frac{\pi(2x_2 - x_1 - x_2)}{2(x_2 - x_1)} = P_2 \qquad (12.17)$$

对于参数 P_1 和 P_2 位置被连接的曲线,如果其斜率不为 0,则可以预先求解其斜率,使正弦曲线在相同斜率处与之连接。对此问题的研究需要花费较多的篇幅,不作进一步探讨。

12.2.2　圆柱与翼型的过渡

现将叶根圆柱与翼型的圆滑过渡作为示例,说明正弦曲线光顺法的应用方法。这里把叶根圆柱视为一种特殊翼型,研究如何与实际翼型圆滑过渡问题。把圆柱视为一种特殊翼型,需将圆柱的圆形截面的函数表达式转换为与翼型函数表达式对等的形式,比较这两个函数表达式对应位置各参数的一致性,对不等的参数进行正弦曲线光顺。仍以前面介绍的翼型为例,探讨叶根圆柱半径 r_1 为当地弦长 15% 的截面与该翼型圆滑过渡问题。设过渡区间为 $[0.05, 0.25]$,即 $x_1 = 0.05$ 内侧为圆柱,$x_2 = 0.25$ 外侧为翼型。圆截面型线方程为

$$z_{C1}^2 + (r_1 - y_C)^2 = r_1^2 \qquad (12.18)$$

转换为翼型型线显式表达式,上型线为

$$z_{Cu1} = [r_1^2 - (r_1 - y_C)^2]^{0.5} = y_C^{0.5}(d_1 - y_C)^{0.5} \qquad (12.19)$$

式中,$d_1 = 0.3$ 为圆柱直径,y_C 只能在 $[0, 0.3]$ 的范围内取值,而在翼型中 y_C 可以在 $[0, 1]$ 范围内取值,说明圆柱直径是 $x = 0.25$ 处翼型弦长的 30%,这已实际修改了弦长并在翼型的变换过渡过程体现出来,不必体现在弦长函数中,因此在叶根区和过渡区设置的"基数"弦长应恒等于 $x = 0.25$ 处的翼型弦长。

下面用下标 u 表示上型线,1 表示下型线;下标 1 表示叶根圆柱,2 表示翼型,下标 12 表示过渡区。将式(12.19)转换为与翼型函数表达式对等的形式:

$$\begin{aligned} z_{Cu1} &= y_C^{0.5}(d_1 - y_C)^{0.5} \\ &= p_{u1} y_C^{a_{u1}}(1 - y_C)^{b_{u1}} + q_{u1} y_C^{0.5}(d_{u1} - y_C)^{c_{u1}} \end{aligned} \qquad (12.20)$$

翼型上型线则为

$$\begin{aligned} z_{Cu2} &= 0.2 y_C^1 (1 - y_C)^1 + 0.17 y_C^{0.5}(1 - y_C)^{1.5} \\ &= p_{u2} y_C^{a_{u2}}(1 - y_C)^{b_{u2}} + q_{u2} y_C^{0.5}(d_{u2} - y_C)^{c_{u2}} \end{aligned} \qquad (12.21)$$

比较这 2 个型线函数中相应的参数取值,如表 12.1 所示。

表 12.1　叶根圆柱和翼型函数对应参数比较

圆柱参数		翼型参数		过渡区处理说明
符号	值	符号	值	
p_{u1}	0	p_{u2}	0.2	系数值不等，需要圆滑过渡
a_{u1}	1	a_{u2}	1	指数值相等，可以不处理
b_{u1}	1	b_{u2}	1	指数值相等，可以不处理
q_{u1}	1	q_{u2}	0.17	系数值不等，需要圆滑过渡
c_{u1}	0.5	c_{u2}	1.5	指数值不等，需要圆滑过渡
d_{u1}	0.3	d_{u2}	1	常数值不等，需要圆滑过渡
p_{l1}	0	p_{l2}	0.02	系数值不等，需要圆滑过渡
a_{l1}	1	a_{l2}	1	指数值相等，可以不处理
b_{l1}	1	b_{l2}	1	指数值相等，可以不处理
q_{l1}	1	q_{l2}	0.37	系数值不等，需要圆滑过渡
c_{l1}	0.5	c_{l2}	1.5	指数值不等，需要圆滑过渡
d_{l1}	0.3	d_{l2}	1	常数值不等，需要圆滑过渡

对于上型线圆滑过渡问题，从表 12.1 看出，需圆滑过渡的参数只有 4 个，过渡曲线分别是

$$p_{u12} = \frac{p_{u1} + p_{u2}}{2} - \frac{p_{u1} - p_{u2}}{2} \sin \frac{\pi(2x - x_1 - x_2)}{2(x_2 - x_1)}$$
$$= \frac{0 + 0.2}{2} - \frac{0 - 0.2}{2} \sin \frac{\pi(2x - 0.05 - 0.25)}{2(0.25 - 0.05)}$$
$$= 0.1 + 0.1\sin(5\pi x - 0.75\pi) \tag{12.22}$$

类似地

$$q_{u12} = 0.585 - 0.415\sin(5\pi x - 0.75\pi) \tag{12.23}$$
$$c_{u12} = 1 + 0.5\sin(5\pi x - 0.75\pi) \tag{12.24}$$
$$d_{u12} = 0.65 + 0.35\sin(5\pi x - 0.75\pi) \tag{12.25}$$

再分析下型线的圆滑过渡问题。叶根圆柱下型线为

$$z_{Cl1} = - y_C^{0.5}(d_1 - y_C)^{0.5} \tag{12.26}$$

再转换为与翼型函数表达式对等的形式

$$z_{Cl1} = p_{l1} y_C^{a_{l1}}(1 - y_C)^{b_{l1}} - q_{l1} y_C^{0.5}(d_{l1} - y_C)^{c_{l1}} \tag{12.27}$$

翼型下型线为

$$z_{Cl2} = 0.02y_C^1(1-y_C)^1 - 0.37y_C^{0.5}(1-y_C)^{1.5}$$

$$= p_{l2}y_C^{a_{l2}}(1-y_C)^{b_{l2}} - q_{l2}y_C^{0.5}(d_{l2}-y_C)^{c_{l2}} \tag{12.28}$$

比较这两个型线函数中相应的参数取值,如表 12.1 所示。下型线也有四个参数需要过渡,过渡曲线分别为

$$p_{l12} = 0.01 + 0.01\sin(5\pi x - 0.75\pi) \tag{12.29}$$

$$q_{l12} = 0.685 - 0.315\sin(5\pi x - 0.75\pi) \tag{12.30}$$

$$c_{l12} = 1 + 0.5\sin(5\pi x - 0.75\pi) \tag{12.31}$$

$$d_{l12} = 0.65 + 0.35\sin(5\pi x - 0.75\pi) \tag{12.32}$$

将所有过渡参数代入各自的翼型型线表达式中,最后得到圆滑过渡区上、下型线表达式分别为

$$
\begin{cases}
\begin{aligned}
z_{Cu} =\ & [0.1 + 0.1\sin(5\pi x - 0.75\pi)]y_C(1-y_C) \\
& + [0.585 - 0.415\sin(5\pi x - 0.75\pi)]y_C^{0.5} \\
& \cdot \{[0.65 + 0.35\sin(5\pi x - 0.75\pi)] - y_C\}^{[1+0.5\sin(5\pi x - 0.75\pi)]} \\
z_{Cl} =\ & [0.01 + 0.01\sin(5\pi x - 0.75\pi)]y_C(1-y_C) \\
& - [0.685 - 0.315\sin(5\pi x - 0.75\pi)]y_C^{0.5} \\
& \cdot \{[0.65 + 0.35\sin(5\pi x - 0.75\pi)] - y_C\}^{[1+0.5\sin(5\pi x - 0.75\pi)]}
\end{aligned}
\end{cases}
$$

$$\tag{12.33}$$

此式显示,$x=0.25$ 时表示给定的翼型;而 $x=0.05$ 时退化为圆;$0.05 < x < 0.25$ 时表示从圆向给定翼型的过渡图形。

不同翼型之间的过渡方法与此相似,不再赘述。

12.3　函数化设计步骤与示例

12.3.1　叶片函数化设计步骤

叶片函数化设计主要是确定叶片函数,然后由叶片函数生成叶片立体图像,并对叶片性能进行验算。具体步骤如下。

(1)确定翼型并计算性能。

翼型可在翼型库中选定,也可用函数直接生成。

升阻比和尖速比是影响风力机效率最重要的因素。翼型升阻比越大越好。如果希望风力机具有较高的尖速比,那么翼型最大升阻比曲线对应的攻角(最佳攻角)不应太大,即最佳攻角(°)与尖速比之积不要超过 37.7,否则叶尖区会产生负

的扭角。

翼型如果是选定的,需要用函数逼近翼型型线,获得翼型的函数表达式,用于构造叶片函数和生成叶片图像。

翼型确定后需获得升力和阻力随攻角变化的性能数据,并依据这些数据采用函数图像逼近法或回归分析等方法获得升力和阻力随攻角变化的函数表达式,以备计算风力机性能时使用。

(2)确定设计尖速比。

设计尖速比是在设计时给定的,是一个固定的常数值。设计尖速比既不能过小也不能过大。过小会导致叶片过宽过重、叶片数量增多、齿轮增速比过大,导致风力机生产、安装过程困难重重;设计尖速比也不能过大,过大叶片转速太快离心力很大,叶片可能震颤,叶尖可能产生啸叫声,并且还会产生启动困难等问题。

现代高速风力机的设计尖速比常见范围是 5~10,但设计尖速比与翼型最佳攻角(°)之积不能超过 37.7。

(3)确定叶片数。

现代高速风力机的叶片数是 2~4,以 3 叶片居多。现有的设计和运行经验表明,采用三叶片的风力机,其运行和功率输出较为稳定[77]。

(4)确定叶尖损失基本参数。

将稳定运行状态轴向速度诱导因子(1/3)和上述参数代入 Prandtl 叶尖损失公式,获得叶尖损失修正因子、风轮平均轴向诱导速度因子。

(5)计算弦长并绘制弦长曲线。

将上述参数代入叶尖损失修正后的弦长表达式,获得弦长函数,并生成函数图像。

(6)将曲线弦长的主体部分简化成直线弦长。

采用切线法将曲线弦长的主体部分简化成直线弦长,切点可设置在 $x=0.8$ 附近,直线弦长段可设置在$[0.2, 0.8]$的范围内。按具体设置的情况,建立直线弦长的函数表达式。

(7)建立扭角函数表达式。

叶尖部位(切点外侧)的扭角等于入流角与翼型最佳攻角之差,可用扭角公式直接计算。

直线弦长段的扭角需按升力分布情况重新计算。将直线弦长表达式代入升力系数公式,获得升力沿翼展的分布函数;再利用翼型升力与攻角的函数关系式获得攻角沿翼展的分布函数;最后用攻角函数去减入流角函数,得到扭角沿翼展的分布函数。

(8)计算风力机的性能。

将升力和阻力系数沿翼展的分布函数代入实用风力机性能计算公式中,获得功率、转矩、升力和推力系数值。

（9）优化叶片设计。

重复上述所有步骤或部分步骤进行重新设计，比较各次设计得到的风力机性能，优选最佳结果，完成优化设计步骤。优化设计仅是调整一些参数值，例如，调整尖速比的值、移动直线弦长的切点位置等。

（10）设计叶根和过渡区。

在优选的设计方案的基础上开始设计叶根和过渡区。可以根据强度、安装难易度等情况设计叶根的形状，如采用圆柱形叶根。可以利用正弦曲线光顺法将叶根圆柱与直线弦长段的翼型进行圆滑过渡，以获得过渡区翼型的函数表达式。

（11）分段构建叶片函数。

将叶片划分成叶根段、过渡段、直线弦长段和叶尖段，将各段的翼型函数、弦长函数和扭角函数分别代入各段的叶片函数中，获得各段叶片的函数表达式。

（12）生成叶片函数图像。

将各段叶片的函数表达式代入数学软件（如 Mathematica）中，生成函数图像，并将各段图像及其上下表面合成在一起，得到整个叶片的立体图形。

后续的步骤还包括打印或制作叶片模型，进行数值计算，或进行实验研究等，这些内容超出了本书的范围，不再赘述。

12.3.2　叶片函数化设计示例

仍采用 12.1 节的示例数据，探讨叶片函数化设计的具体过程。

1. 确定翼型并计算性能

设翼型型线表达式为

$$f_u(y_C) = 0.2y_C(1-y_C) + 0.17y_C^{0.5}(1-y_C)^{1.5} \tag{12.34}$$

$$f_1(y_C) = 0.02y_C(1-y_C) - 0.37y_C^{0.5}(1-y_C)^{1.5} \tag{12.35}$$

沿展向翼型始终保持不变。

在小攻角状态下翼型的升力、阻力系数与攻角的关系是

$$C_L = 0.12(\alpha + 3.6) \tag{12.36}$$

$$C_D = 0.012 + 1.052(\pi\alpha/180)^2 \tag{12.37}$$

式中，攻角的单位是度。

翼型的升阻比与攻角的关系是

$$\zeta = \frac{C_L}{C_D} = \frac{0.12(\alpha + 3.6)}{0.012 + 1.052(\pi\alpha/180)^2} \tag{12.38}$$

令 $\partial\zeta/\partial\alpha = 0$，得最大升阻比时的最佳攻角 α_b 为 $3.5°$，此攻角对应的升力系数为 0.85，阻力系数为 0.016。

2. 确定设计尖速比

设计尖速比取为 $\lambda_t = 6$。

3. 确定叶片数

风力机叶片数取为 $B = 3$。

4. 确定叶尖损失基本参数

将稳定运行状态轴向速度诱导因子（$a = 1/3$）和上述参数代入 Prandtl 叶尖损失公式，得叶尖损失修正因子为

$$f = \frac{2}{\pi}\arccos\left\{\exp\left[-\frac{3(1-x)\sqrt{1+81x^2}}{2x}\right]\right\} \tag{12.39}$$

对于有限叶片风力机，由式（9.2），平均轴向诱导速度因子为

$$\bar{a} = \frac{1}{3} + \frac{1}{3}f - \frac{1}{3}\sqrt{1-f+f^2} \tag{12.40}$$

引入符号 g，令

$$g = 1 - \bar{a}/f \tag{12.41}$$

5. 计算弦长并绘制弦长曲线

将风力机基本参数、叶尖修正因子和稳定工况平均轴向诱导速度因子代入式（9.13），得相对弦长分布函数为

$$\frac{C}{R} = \frac{8\pi}{3}\frac{\bar{a}(1-\bar{a})x}{0.85\left(6x+\dfrac{\bar{a}g}{6xf}\right)\sqrt{\left(6x+\dfrac{\bar{a}g}{6xf}\right)^2+g^2}} \tag{12.42}$$

相对弦长在叶尖损失修正后的曲线形状如图 12.4 所示。

6. 将曲线弦长的主体部分简化成直线弦长

采用切线法对该弦长曲线进行简化。本例在 $x = 0.78$ 处作切线，切点外侧至叶尖的弦长曲线保持原曲线不变，切点内侧至 $x_2 = 0.25$ 处保持为直线。

在 $x = 0.78$ 的切点处的弦长为 0.0749，斜率为 -0.0989，因此切线方程为

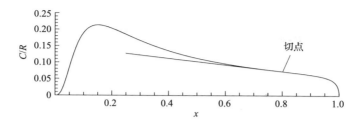

图 12.4　考虑叶尖损失的弦长曲线

$$\frac{C}{R} = -0.0989x + 0.1520 \tag{12.43}$$

切线弦长图像如图 12.4 中的直线所示。

7. 建立扭角函数表达式

将切线方程(12.43)代入式(10.7)反算升力系数,直线弦长要求切线区($0.25 \leqslant x \leqslant 0.78$)的升力系数分布为

$$C_L(x) = \frac{8\pi}{B} \frac{\bar{a}(1-\bar{a})x}{(-0.0989x + 0.1520)\left(\lambda_t x + \frac{\bar{a}g}{\lambda_t xf}\right)\sqrt{\left(\lambda_t x + \frac{\bar{a}g}{\lambda_t xf}\right)^2 + g^2}} \tag{12.44}$$

由示例翼型的升力与攻角的关系得攻角沿翼展的分布函数为

$$\alpha(x) = \frac{C_L(x)}{0.12} - 3.6$$

$$= \frac{200\pi}{3B} \frac{\bar{a}(1-\bar{a})x}{(-0.0989x + 0.1520)\left(\lambda_t x + \frac{\bar{a}g}{\lambda_t xf}\right)\sqrt{\left(\lambda_t x + \frac{\bar{a}g}{\lambda_t xf}\right)^2 + g^2}} - 3.6 \tag{12.45}$$

切线区的扭角是入流角与上述攻角函数的差值,即

$$\beta_1(x) = \varphi(x) - \alpha(x)$$

$$= \frac{180}{\pi} \arctan \frac{gf\lambda_t x}{f\lambda_t^2 x^2 + \bar{a}g}$$

$$- \frac{200\pi}{3B} \frac{\bar{a}(1-\bar{a})x}{(-0.0989x + 0.1520)\left(\lambda_t x + \frac{\bar{a}g}{\lambda_t xf}\right)\sqrt{\left(\lambda_t x + \frac{\bar{a}g}{\lambda_t xf}\right)^2 + g^2}} + 3.6 \tag{12.46}$$

叶尖区($0.78 \leqslant x \leqslant 1$)的弦长未变,其扭角也不用调整,叶尖区扭角是入流角与最佳攻角的差值,即

$$\beta_2(x) = \varphi(x) - \alpha_b = \frac{180}{\pi} \arctan \frac{gf\lambda_t x}{f\lambda_t^2 x^2 + \bar{a}g} - 3.5 \qquad (12.47)$$

各区域的扭角参数值如表 12.2 所示。

表 12.2　扭角参数的区域分布

展向位置描述	位置取值	相对扭角值
叶根区	$x = 0 \sim 0.05$	0.4353
弦长过渡区	$x = 0.05 \sim 0.25$	由式(12.46)确定
弦长切线区	$x = 0.25 \sim 0.78$	由式(12.46)确定
叶尖区	$x = 0.78 \sim 1$	由式(12.47)确定

8. 计算风力机的性能

将升力和阻力系数沿翼展的分布函数代入实用风力机性能计算公式中,可分别计算出功率、转矩、升力和推力系数。

1) 功率性能计算

将风力机基本参数和升力与阻力系数表达式代入式(11.2),数值积分后可得到直线弦长段的功率系数。

$$
\begin{aligned}
C_{P1} &= \int_{0.25}^{0.78} 8\bar{a}(1-\bar{a})\lambda_t x^2 \left[\frac{g}{\lambda_t x + \dfrac{\bar{a}g}{\lambda_t x f}} - \frac{C_D}{C_L} \right] \mathrm{d}x \\
&= \int_{0.25}^{0.78} 8\bar{a}(1-\bar{a})\lambda_t x^2 \left[\frac{g}{\lambda_t x + \dfrac{\bar{a}g}{\lambda_t x f}} - \frac{0.012 + 1.052(\pi\alpha/180)^2}{0.12(\alpha + 3.6)} \right] \mathrm{d}x \\
&= 0.2837
\end{aligned}
\qquad (12.48)
$$

叶尖区域的攻角均为最佳攻角($3.5°$),功率系数为

$$
\begin{aligned}
C_{P2} &= \int_{0.8}^{1} 8\bar{a}(1-\bar{a})\lambda_t x^2 \left[\frac{g}{\lambda_t x + \dfrac{\bar{a}g}{\lambda_t x f}} - \frac{C_D}{C_L} \right] \mathrm{d}x \\
&= \int_{0.8}^{1} 8\bar{a}(1-\bar{a})\lambda_t x^2 \left[\frac{g}{\lambda_t x + \dfrac{\bar{a}g}{\lambda_t x f}} - \frac{0.012 + 1.052(3.5\pi/180)^2}{0.12 \times (3.5 + 3.6)} \right] \mathrm{d}x
\end{aligned}
$$

$$= 0.1632 \tag{12.49}$$

整个叶片总的功率系数是

$$C_P = C_{P1} + C_{P2} = 0.2837 + 0.1632 = 0.4469 \tag{12.50}$$

2）转矩性能计算

将风力机基本参数和升力与阻力系数表达式代入式（11.9），数值积分后可得到直线弦长段的转矩系数为

$$
C_{M1} = \int_{0.25}^{0.78} 8\bar{a}(1-\bar{a})x^2 \left[\frac{g}{\lambda_t x + \dfrac{\bar{a}g}{\lambda_t x f}} - \frac{C_D}{C_L} \right] \mathrm{d}x
$$

$$
= \int_{0.25}^{0.78} 8\bar{a}(1-\bar{a})x^2 \left[\frac{g}{\lambda_t x + \dfrac{\bar{a}g}{\lambda_t x f}} - \frac{0.012 + 1.052\,(\pi\alpha/180)^2}{0.12\,(\alpha + 3.6)} \right] \mathrm{d}x
$$

$$= 0.0473 \tag{12.51}$$

叶尖区域的攻角均为最佳攻角（3.5°），转矩系数为

$$
C_{M2} = \int_{0.78}^{1} 8\bar{a}(1-\bar{a})x^2 \left[\frac{g}{\lambda_t x + \dfrac{\bar{a}g}{\lambda_t x f}} - \frac{C_D}{C_L} \right] \mathrm{d}x
$$

$$
= \int_{0.78}^{1} 8\bar{a}(1-\bar{a})x^2 \left[\frac{g}{\lambda_t x + \dfrac{\bar{a}g}{\lambda_t x f}} - \frac{0.012 + 1.052\,(3.5\pi/180)^2}{0.12 \times (3.5 + 3.6)} \right] \mathrm{d}x
$$

$$= 0.0272 \tag{12.52}$$

整个叶片总的转矩系数是

$$C_M = C_{M1} + C_{M2} = 0.0473 + 0.0272 = 0.0745 \tag{12.53}$$

3）升力性能计算

将风力机基本参数和升力与阻力系数表达式代入式（11.14），数值积分后可得到直线弦长段的升力系数为

$$
C_{F1} = \int_{0.25}^{0.78} 8\bar{a}(1-\bar{a})x \left[\frac{g}{\lambda_t x + \dfrac{\bar{a}g}{\lambda_t x f}} - \frac{C_D}{C_L} \right] \mathrm{d}x
$$

$$
\begin{aligned}
&= \int_{0.25}^{0.78} 8\bar{a}(1-\bar{a})x\left[\frac{g}{\lambda_t x + \dfrac{\bar{a}g}{\lambda_t xf}} - \frac{0.012 + 1.052\,(\pi\alpha/180)^2}{0.12\,(\alpha+3.6)}\right]\mathrm{d}x \\
&= 0.0921
\end{aligned}
\tag{12.54}
$$

叶尖区域的攻角均为最佳攻角(3.5°)，升力系数为

$$
\begin{aligned}
C_{F2} &= \int_{0.78}^{1} 8\bar{a}(1-\bar{a})x\left[\frac{g}{\lambda_t x + \dfrac{\bar{a}g}{\lambda_t xf}} - \frac{C_D}{C_L}\right]\mathrm{d}x \\
&= \int_{0.78}^{1} 8\bar{a}(1-\bar{a})x\left[\frac{g}{\lambda_t x + \dfrac{\bar{a}g}{\lambda_t xf}} - \frac{0.012 + 1.052\,(3.5\pi/180)^2}{0.12 \times (3.5+3.6)}\right]\mathrm{d}x \\
&= 0.0310
\end{aligned}
\tag{12.55}
$$

整个叶片总的升力系数是

$$
C_F = C_{F1} + C_{F2} = 0.0921 + 0.0310 = 0.1231 \tag{12.56}
$$

4）推力性能计算

将风力机基本参数代入公式，数值积分后可得整个叶片的推力系数。

$$
C_T = \int_{0}^{1} 8\bar{a}(1-\bar{a})x\,\mathrm{d}x = 0.8539 \tag{12.57}
$$

9. 优化叶片设计

可重复上述所有步骤或部分步骤进行重新设计，比较各次设计得到的风力机性能，优选最佳结果。作为示例，在此忽略重复设计过程。

10. 设计叶根和过渡区

设叶根圆柱长度为 0.05。在叶根圆柱与叶片之间设立过渡区，区间为 [0.05, 0.25]，在 $x=0.25$ 处叶片的弦长为 0.1273，取圆柱的直径为该处弦长的 0.3 倍即 0.0382，主要参数如表 12.3 所示。

叶根至 $x_1 = 0.05$ 处为叶根圆柱，但 x_1 和 x_2 之间作为圆滑过渡区不再设置为直线，代之以正弦曲线光顺法由叶根圆柱圆滑过渡至翼型。

采用 12.2 节给出的正弦曲线光顺法及叶根圆柱与翼型的圆滑过渡示例，得到圆滑过渡区上、下翼型表达式为

表 12.3 弦长曲线在几个关键部位的取值

展向位置描述	位置取值	相对弦长值
叶根圆柱外侧	$x=0.05$	0.0382
切线区的内侧	$x=0.25$	0.1273
弦长切点处	$x=0.78$	0.0749
叶尖处	$x=1$	0
叶根区	$x=0\sim0.05$	0.0382
弦长过渡区	$x=0.05\sim0.25$	圆滑过渡自动生成
弦长切线区	$x=0.25\sim0.78$	$-0.0989x+0.1520$
弦长叶尖区	$x=0.78\sim1$	由式(12.42)确定

$$\begin{cases} f_\mathrm{u}(y_C) = \left[0.1+0.1\sin(5\pi x-0.75\pi)\right]y_C(1-y_C) \\ \qquad + \left[0.585-0.415\sin(5\pi x-0.75\pi)\right]y_C^{0.5} \\ \qquad \cdot \left\{\left[0.65+0.35\sin(5\pi x-0.75\pi)\right]-y_C\right\}^{1+0.5\sin(5\pi x-0.75\pi)} \\ f_\mathrm{l}(y_C) = \left[0.01+0.01\sin(5\pi x-0.75\pi)\right]y_C(1-y_C) \\ \qquad - \left[0.685-0.315\sin(5\pi x-0.75\pi)\right]y_C^{0.5} \\ \qquad \cdot \left\{\left[0.65+0.35\sin(5\pi x-0.75\pi)\right]-y_C\right\}^{1+0.5\sin(5\pi x-0.75\pi)} \end{cases}$$

$$(12.58)$$

圆滑过渡区产生的功率很小,其扭角可按此式计算,即将 x 的取值区间扩展到 $[0.05,0.78]$。

11. 构建叶片函数

将各段的翼型函数、弦长函数和扭角函数分别代入各段的叶片函数中,可得各段叶片的函数表达式。

1) 构建弦长分段函数

弦长函数分为三段:叶根与过渡段、直线弦长段和叶尖段。其中叶根与过渡段采用与直线弦长段交界处的弦长值($0.1237R$)作为计算基数,实际弦长则由翼型转叶根圆柱的过渡函数决定。最后得到的弦长分段函数为

$$C(x)=\begin{cases} 0.1273R & (0<x\leqslant0.05) \\ (-0.0989x+0.152)R & (0.05<x\leqslant0.78) \\ \dfrac{8\pi R}{3}\dfrac{\bar{a}(1-\bar{a})x}{0.85\left(6x+\dfrac{\bar{a}g}{6xf}\right)\sqrt{\left(6x+\dfrac{\bar{a}g}{6xf}\right)^2+g^2}} & (x>0.78) \end{cases} \qquad (12.59)$$

2）构建扭角分段函数

扭角函数也分为三段：叶根段、过渡段与直线弦长段和叶尖段。其中，叶根段采用过渡段交界处的扭角值（0.4353）。最后得到的扭角分段函数为

$$
\beta(x) = \begin{cases}
0.4353 \quad (x \leqslant 0.05) \\[2mm]
-\dfrac{200\pi}{9} \dfrac{\bar{a}(1-\bar{a})x}{(-0.0974x+0.1506)\left(6x+\dfrac{\bar{a}g}{6xf}\right)\sqrt{\left(6x+\dfrac{\bar{a}g}{6xf}\right)^2+g^2}} \\[4mm]
\quad +\dfrac{180}{\pi}\arctan\dfrac{6gfx}{36fx^2+\bar{a}g}+3.6 \quad (0.05 < x \leqslant 0.78) \\[4mm]
\dfrac{180}{\pi}\arctan\dfrac{6gfx}{36fx^2+\bar{a}g}-3.5 \quad (x > 0.78)
\end{cases}
$$

$$\text{(12.60)}$$

3）构建翼型函数

首先确定翼型系数表达式。

由 12.2 节可知，翼型向圆柱过渡过程中上、下型线各有 4 个系数发生变化，而到达叶根区和直线弦长段后，保持交界处的系数不变，因此每个系数都是分段函数。

上型线系数：

$$
p_{\mathrm{u}} = \begin{cases}
0 \quad (x \leqslant 0.05) \\
0.1+0.1\sin[\pi(-0.75+5x)] \quad (0.05 < x \leqslant 0.25) \\
0.2 \quad (x > 0.25)
\end{cases} \quad \text{(12.61)}
$$

$$
q_{\mathrm{u}} = \begin{cases}
1 \quad (x \leqslant 0.05) \\
0.585-0.415\sin[\pi(-0.75+5x)] \quad (0.05 < x \leqslant 0.25) \\
0.17 \quad (x > 0.25)
\end{cases}
$$

$$\text{(12.62)}$$

$$
c_{\mathrm{u}} = \begin{cases}
0.5 \quad (x \leqslant 0.05) \\
1+0.5\sin[\pi(-0.75+5x)] \quad (0.05 < x \leqslant 0.25) \\
1.5 \quad (x > 0.25)
\end{cases} \quad \text{(12.63)}
$$

$$
d_{\mathrm{u}} = \begin{cases}
0.3 \quad (x \leqslant 0.05) \\
0.65+0.35\sin[\pi(-0.75+5x)] \quad (0.05 < x \leqslant 0.25) \\
1 \quad (x > 0.25)
\end{cases} \quad \text{(12.64)}
$$

下型线系数：

$$p_1 = \begin{cases} 0 & (x \leqslant 0.05) \\ 0.01 + 0.01\sin[\pi(-0.75 + 5x)] & (0.05 < x \leqslant 0.25) \\ 0.02 & (x > 0.25) \end{cases} \quad (12.65)$$

$$q_1 = \begin{cases} 1 & (x \leqslant 0.05) \\ 0.685 - 0.315\sin[\pi(-0.75 + 5x)] & (0.05 < x \leqslant 0.25) \\ 0.37 & (x > 0.25) \end{cases}$$

$$(12.66)$$

$$c_1 = \begin{cases} 0.5 & (x \leqslant 0.05) \\ 1 + 0.5\sin[\pi(-0.75 + 5x)] & (0.05 < x \leqslant 0.25) \\ 1.5 & (x > 0.25) \end{cases} \quad (12.67)$$

$$d_1 = \begin{cases} 0.3 & (x \leqslant 0.05) \\ 0.65 + 0.35\sin[\pi(-0.75 + 5x)] & (0.05 < x \leqslant 0.25) \\ 1 & (x > 0.25) \end{cases} \quad (12.68)$$

将所有翼型参数过渡曲线代入翼型函数 $z_C = f(y_C)$ 中,替换翼型原有的固定值参数,即可构建出翼型分段函数。上、下型线函数为

$$f(y_C) = \begin{cases} p_u y_C(1 - y_C) + q_u y_C^{0.5}(d_u - y_C)^{c_u} \\ p_1 y_C(1 - y_C) + q_1 y_C^{0.5}(d_1 - y_C)^{c_1} \end{cases} \quad (12.69)$$

4) 构建叶片函数

将上述弦长函数、扭角函数和翼型函数代入叶片函数参数方程,即可构建叶片函数。

叶片上表面参数方程:

$$\begin{cases} x = x_R \\ y = \dfrac{C(x_R)}{R} y_C \cos\beta(x_R) - \dfrac{C(x_R)}{R} [p_u y_C(1 - y_C) + q_u y_C^{0.5}(d_u - y_C)^{c_u}]\sin\beta(x_R) \\ z = \dfrac{C(x_R)}{R} y_C \sin\beta(x_R) + \dfrac{C(x_R)}{R} [p_u y_C(1 - y_C) + q_u y_C^{0.5}(d_u - y_C)^{c_u}]\cos\beta(x_R) \end{cases}$$

$$(12.70)$$

叶片下表面参数方程:

$$\begin{cases} x = x_R \\ y = \dfrac{C(x_R)}{R} y_C \cos\beta(x_R) - \dfrac{C(x_R)}{R} [p_1 y_C(1 - y_C) + q_1 y_C^{0.5}(d_1 - y_C)^{c_1}]\sin\beta(x_R) \\ z = \dfrac{C(x_R)}{R} y_C \sin\beta(x_R) + \dfrac{C(x_R)}{R} [p_1 y_C(1 - y_C) + q_1 y_C^{0.5}(d_1 - y_C)^{c_1}]\cos\beta(x_R) \end{cases}$$

$$(12.71)$$

12. 生成叶片函数图像

将各叶片上表面参数方程代入数学软件中,容易生成函数图像,得到叶片的立体图形,后面将以示例的形式进行详细介绍。

12.3.3　用软件生成叶片图像

几乎所有商业数学软件都具有生成三维函数图像的功能,以 Mathematica 为例,将上述设计示例中的公式转换成程序代码,以便生成叶片函数的三维图像。Mathematica 软件中的公式代码与普通公式的样式非常接近,很容易理解,因此在给出代码时仅作最简单的说明(参见代码中的文字部分)。生成叶片图像的完整代码如下(个别符号的含义稍有变动)。

定义叶尖损失修正函数:

$$f = \frac{2}{\pi} \text{ArcCos} \left[e^{-\frac{3(1-x)}{2x}\sqrt{1+81x^2}} \right]$$

定义平均轴向诱导速度因子:

$$a = \frac{1}{3} + \frac{1}{3}f - \frac{1}{3}\sqrt{1-f+f^2}$$

定义中间变量 g:

$$g = 1 - \frac{a}{f}$$

定义弦长分段函数:

$$\left. \begin{array}{l} C := 0.1273 /; x \leqslant 0.05 \\ C := -0.0989x + 0.152 /; 0.05 < x \leqslant 0.78 \\ C := \frac{8\pi}{3} \dfrac{a(1-a)x}{0.85\left(6x+\dfrac{ag}{6xf}\right)\sqrt{\left(6x+\dfrac{ag}{6xf}\right)^2 + g^2}} /; x > 0.78 \end{array} \right]$$

定义扭角分段函数:

$$\beta := 0.5056 /; x \leqslant 0.05$$

$$\beta := -\frac{200\pi}{9} \frac{a(1-a)x}{(-0.0974x+0.1506)\left(6x+\dfrac{ag}{6xf}\right)\sqrt{\left(6x+\dfrac{ag}{6xf}\right)^2+g^2}} \frac{\pi}{180}$$

$$+ \mathrm{ArcTan}\left[\frac{6gfx}{36fx^2+ag}\right] + \frac{3.6\pi}{180}/; 0.05 < x \leqslant 0.78$$

$$\beta := \mathrm{ArcTan}\left[\frac{6gfx}{36fx^2+ag}\right] - \frac{3.5\pi}{180}/; x > 0.78$$

定义翼型上型线公式里的部分系数和指数：

$$pu := 0/; x \leqslant 0.05$$
$$pu := 0.1 + 0.1\mathrm{Sin}[\pi(-0.75+5x)]/; 0.05 < x \leqslant 0.25$$
$$pu := 0.2/; x > 0.25$$

$$qu := 1/; x \leqslant 0.05$$
$$qu := 0.585 - 0.415\mathrm{Sin}[\pi(-0.75+5x)]/; 0.05 < x \leqslant 0.25$$
$$qu := 0.17/; x > 0.25$$

$$cu := 0.5/; x \leqslant 0.05$$
$$cu := 1 + 0.5\mathrm{Sin}[\pi(-0.75+5x)]/; 0.05 < x \leqslant 0.25$$
$$cu := 1.5/; x > 0.25$$

$$du := 0.3/; x \leqslant 0.05$$
$$du := 0.65 + 0.35\mathrm{Sin}[\pi(-0.75+5x)]/; 0.05 < x \leqslant 0.25$$
$$du := 1/; x > 0.25$$

定义翼型下型线公式里的部分系数和指数：

$$pl := 0/; x \leqslant 0.05$$
$$pl := 0.01 + 0.01\mathrm{Sin}[\pi(-0.75+5x)]/; 0.05 < x \leqslant 0.25$$
$$pl := 0.02/; x > 0.25$$

$$ql := 1/; x \leqslant 0.05$$
$$ql := 0.685 - 0.315\mathrm{Sin}[\pi(-0.75+5x)]/; 0.05 < x \leqslant 0.25$$
$$ql := 0.37/; x > 0.25$$

$$cl := 0.5/; x \leqslant 0.05$$
$$cl := 1 + 0.5\mathrm{Sin}[\pi(-0.75+5x)]/; 0.05 < x \leqslant 0.25$$
$$cl := 1.5/; x > 0.25$$

$$dl := 0.3/; x \leqslant 0.05$$
$$dl := 0.65 + 0.35\mathrm{Sin}[\pi(-0.75+5x)]/; 0.05 < x \leqslant 0.25$$
$$dl := 1/; x > 0.25$$

定义翼型上型线函数：

$$fu = pu \cdot y(1-y) + qu \cdot y^{0.5}(du-y)^{au}$$

定义翼型下型线函数：

$$fl = pl \cdot y(1-y) + ql \cdot y^{0.5}(dl-y)^{cl}$$

定义叶片上表面参数方程的 x 方向变量：

$$xu = x$$

定义叶片上表面参数方程的 y 方向变量：

$$yu = C \cdot y \cdot \mathrm{Cos}[\beta] - C \cdot fu \cdot \mathrm{Sin}[\beta]$$

定义叶片上表面参数方程的 z 方向变量：

$$zu = C \cdot y \cdot \mathrm{Sin}[\beta] + C \cdot fu \cdot \mathrm{Cos}[\beta]$$

定义叶片下表面参数方程的 x 方向变量：

$$xl = x$$

定义叶片下表面参数方程的 y 方向变量：

$$yl = C \cdot y \cdot \mathrm{Cos}[\beta] - C \cdot fl \cdot \mathrm{Sin}[\beta]$$

定义叶片下表面参数方程的 z 方向变量：

$$zl = C \cdot y \cdot \mathrm{Sin}[\beta] + C \cdot fl \cdot \mathrm{Cos}[\beta]$$

用参数绘图法生成叶片立体图像：

$$\mathrm{ParametricPlot3D}[\{\{xu,yu,zu\},\{xl,yl,zl\}\},\{x,0,1\},\{y,0,1\}]$$

运行此段程序代码，叶片立体图像几乎可以瞬时生成，如图 12.5 所示。

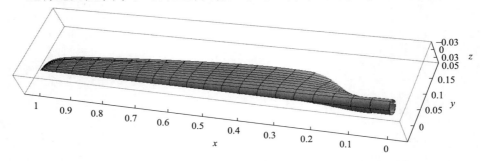

图 12.5　用软件生成的叶片三维图像

将最后一句代码修改成

ParametricPlot3D$\big[\{\{xu,yu,zu\},\{xl,yl,zl\}\},\{x,0,1\},\{y,0,1\}$,PlotStyle
→None$\big]$可以生成线架图,如图 12.6 所示。

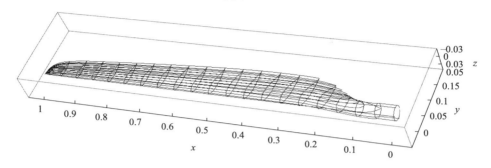

图 12.6　用软件生成的叶片三维线架图

如果平移翼型的 z 轴到弦长中间(x 轴将随之移动),则可将叶根设置在翼型的中部,三维图像如图 12.7 所示。

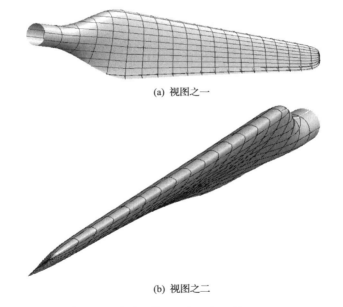

(a) 视图之一

(b) 视图之二

图 12.7　叶片立体图(叶根位于翼型中部)

如果要将叶根设置在翼型的气动中心位置,也可采用此法实现。

从图 12.5～图 12.7 可以看出,考虑实际因素对子函数进行调整后所得到的叶片图像已比较接近实际叶片的形状,这也反映了叶片函数化设计法的初步效果。

12.3.4 用软件求解风力机性能

风力机在设计工况（稳定运行状态）的功率、转矩和升力性能可以用数值积分的方法得到，现将设计示例中的公式转换成 Mathematica 程序代码。Mathematica 软件中的公式代码与普通公式的样式非常接近，很容易理解，因此在给出代码时仅作最简单的说明（参见代码中的文字部分）。计算风力机性能的完整代码如下（个别符号的含义稍有变动）。

定义叶尖损失函数：

$$f = \frac{2}{\pi} \text{ArcCos}\left[e^{-\frac{3(1-x)}{2x}\sqrt{1+81x^2}} \right]$$

定义平均轴向诱导速度因子：

$$a = \frac{1}{3} + \frac{1}{3}f - \frac{1}{3}\sqrt{1-f+f^2}$$

定义中间变量 g：

$$g = 1 - \frac{a}{f}$$

定义直线弦长段升力系数沿翼展的分布函数：

$$CL = 0.12 \cdot \frac{200\pi}{9} \frac{a(1-a)x}{(-0.0974x + 0.1506)\left(6x + \frac{ag}{6xf}\right)\sqrt{\left(6x + \frac{ag}{6xf}\right)^2 + g^2}}$$

定义直线弦长段阻力系数沿翼展的分布函数：

$$CD = 0.012 + 1.052 \left[\pi \left(\frac{200\pi}{9} \frac{a(1-a)x}{(-0.0974x + 0.1506)\left(6x + \frac{ag}{6xf}\right)\sqrt{\left(6x + \frac{ag}{6xf}\right)^2 + g^2}} - 3.6 \right) \bigg/ 180 \right]^2$$

定义直线弦长段功率系数的被积函数：

$$DCP1 = 48a(1-a)x^2 \left[\frac{g}{6x + \frac{ag}{6xf}} - \frac{CD}{CL} \right]$$

定义叶尖段功率系数的被积函数：

$$DCP2 = 48a(1-a)\dot{x}^2 \left[\frac{g}{6x + \frac{ag}{6xf}} - \frac{0.016}{0.85} \right]$$

数值积分求解总功率系数：

$\text{NIntegrate}[DCP1,\{x,0.25,0.78\}]+\text{NIntegrate}[DCP2,\{x,0.78,1\}]$

定义直线弦长段转矩系数的被积函数：

$$DCM1=48a(1-a)x\left[\cfrac{g}{6x+\cfrac{ag}{6xf}}-\cfrac{CD}{CL}\right]$$

定义叶尖段转矩系数的被积函数：

$$DCM2=48a(1-a)x\left[\cfrac{g}{6x+\cfrac{ag}{6xf}}-\cfrac{0.016}{0.85}\right]$$

数值积分求解总转矩系数：

$\text{NIntegrate}[DCM1,\{x,0.25,0.78\}]+\text{NIntegrate}[DCM2,\{x,0.78,1\}]$

定义直线弦长段升力系数的被积函数：

$$DCF1=8a(1-a)x\left[\cfrac{g}{6x+\cfrac{ag}{6xf}}-\cfrac{CD}{CL}\right]$$

定义叶尖段升力系数的被积函数：

$$DCF2=8a(1-a)x\left[\cfrac{g}{6x+\cfrac{ag}{6xf}}-\cfrac{0.016}{0.85}\right]$$

数值积分求解总升力系数：

$\text{NIntegrate}[DCF1,\{x,0.25,0.78\}]+\text{NIntegrate}[DCF2,\{x,0.78,1\}]$

在 Mathematica 软件内运行此段程序代码，风力机的功率、转矩和升力性能将被瞬间计算出来。此项计算不用依赖叶片外形，可在繁杂的叶片外形设计工作之前完成，有利于优化设计，提高设计工作效率。

12.4　本章小结

本章通过量纲一致性转换和扭角对翼型的旋转作用建立了叶片的数学模型（叶片曲面函数）通用表达式。通过提出的正弦曲线光顺法，以示例的形式探讨了叶根圆柱与翼型之间的圆滑过渡问题。研究表明，叶片数学模型由翼型函数、弦长函数和扭角函数 3 个子函数组成，且可表示为具有 2 个参变量（翼展位置、弦长位置）的显式参数方程组，且参数方程中的所有变量都具有明确的几何意义，可以方便、迅速地通过调整变量赋值修改设计。

本章还提出了叶片函数化设计法的具体步骤和具体示例，给出了用 Mathematica 数学软件通过叶片函数生成了叶片三维立体图像的方法和程序代码，也给出了用 Mathematica 软件求解风力机性能的方法和程序代码。示例研究表明，叶片函数化设计方法能够实现实用叶片结构的三维设计，且能用解析法计算其性能，它是叶片设计的一种全新的方法。

参 考 文 献

[1] van Kuik G A M. The Lanchester-Betz-Joukowsky Limit[J]. Wind Energy, 2007,(10): 289-291.

[2] Johansen J, Madsen H A, Gaunaa M, et al. Design of a wind turbine rotor for maximum aerodynamic efficiency[J]. Wind Energy, 2009, 12(3): 261-273.

[3] Ray T, Tsai H M. Swarm algorithm for single and multiobjective airfoil design optimization[J]. American Institute of Aeronautics and Astronautics (AIAA), 2004, 42(2): 366-373.

[4] David W Z, Timothy M L, Laslo D. Improvements to a Newton-Krylov Adjoint Algorithm for Aerodynamic Optimization[R]. AIAA 2005-4857, 17th AIAA Computational Fluid Dynamics Conference, 2005.

[5] Hicks R M, Henne A P. Wing Design by Numerical optimization[J]. Aircraft, 1978, 15(7): 407-413.

[6] 陈进, 张石强, Eecen P J, 等. 风力机翼型参数化表达及收敛特性[J]. 机械工程学报, 2010, 46(10): 132-138.

[7] 陈进, 王旭东, 沈文忠, 等. 风力机叶片的形状优化设计[J]. 机械工程学报, 2010, 46(3): 131-134.

[8] Gur O, Rosen A. Optimal design of horizontal axis wind turbine blades[C]//2008 Proceedings of the 9th Biennial Conference on Engineering Systems Design and Analysis, V3, 2009: 99-109.

[9] 陈进, 张石强, 陆群峰, 等. 泛函分析思想在新型风力机叶片设计中的应用[J]. 重庆大学学报, 2011, (7): 9-14.

[10] Mejía J M, Chejne F, Smith R, et al. Simulation of wind energy output at Guajira, Colombia[J]. Renewable Energy, 2006, 31(3): 383-399.

[11] Maalawi K Y, Badr M A. A practical approach for selecting optimum wind rotors[J]. Renewable Energy, 2003, 28(5): 803-822.

[12] Johansen J, Madsen H A, Gaunaa M, et al. Design of a wind turbine rotor for maximum aerodynamic efficiency[J]. Wind Energy, 2009, 12(3): 261-273.

[13] 陈佳慧, 王同光. 偏航状态下的风力机叶片气弹响应计算[J]. 南京航空航天大学学报, 2011, 43(5): 629-634.

[14] Wilson R E, Lissaman P B S, Walker S N. Aerodynamic performance of wind turbines[R]. Corvallis: Oregon State University, 1976.

[15] 赵旭, 肖俊, 席德科. 比较 Wilson 法和复合形优化法气动设计水平轴风轮[J]. 西北工业大学学报, 2008, 26(6): 693-697.

[16] 李国宁, 杨福增, 杜白石, 等. 基于 MATLAB 与 Pro/E 的风力机风轮设计及造型[J]. 机械设计, 2009, 26(6): 3-6.

[17] 杨涛, 李伟, 张丹丹. 风力机叶片气动外形设计和三维实体建模研究[J]. 机械设计与制造, 2010,(7): 190-191.

[18] 姜海波, 赵云鹏, 程忠庆. 解析法及其在复杂问题研究中的地位和作用[J]. 系统科学学报, 2014, 22(1): 56-59.

[19] Colwell R R. Complexity and Connectivity: A New Cartography for Science and Engineering[C]//The American Geophysical Union's Fall Meeting. San Francisco, 1999.

[20] 科恩, 韦特. 连续系统数字仿真[M]. 李仰东, 等译. 北京: 科学出版社, 1981.

[21] 肖田元. 仿真是基于模型的实验吗[J]. 系统仿真学报, 2009, 21(22): 7368-7371.

[22] Burton T, Jenkins N, Sharpe D,等. 风能技术[M]. 2版. 武鑫,等译. 北京:科学出版社,2014.

[23] Sumner J, Masson C. Influence of atmospheric stability on wind turbine power performance curves[J]. Wind Energy Engineering, 2006, 128: 531-537.

[24] 廖明夫,宋文萍,王四季,等.风力机设计理论与结构动力学[M]. 西安:西北工业大学出版社,2014.

[25] 勒古里雷斯. 风力机的理论与设计[M]. 施鹏飞译. 北京:机械工业出版社,1987.

[26] 赵丹平,徐宝清. 风力机设计理论及方法[M].北京:北京大学出版社,2012.

[27] 姜海波,曹树良,李艳茹.水平轴风力机叶片扭角和弦长的理想分布[J].太阳能学报, 2013, 33(1): 1-6.

[28] 贺德馨. 风工程与工业空气动力学[M]. 北京:国防工业出版社,2006.

[29] Glauert H. Airplane propellers[M].//Durand W F. Aerodynamic Theory. New York: Dover Publications, 1963.

[30] 汉森. 风力机空气动力学[M]. 2版. 北京:中国电力出版社,2009.

[31] 董礼,廖明夫,井延伟. 风力机叶片气动设计及偏载计算[J].太阳能学报, 2009, 30(1): 122-127.

[32] 姜海波,曹树良,阳平.水平轴风力机的功率极限[J].机械工程学报, 2011, 47 (10): 113-118.

[33] 吴双群,赵丹平. 风力机空气动力学[M]. 北京:北京大学出版社,2011.

[34] Jiang H B, Cheng Z Q, Zhao Y P. Torque limit of horizontal axis wind turbine[C]// Proceedings of 2012 International Conference on Mechanical Engineering and Material Science, Shanghai, China, 2012: 148-151.

[35] Jiang H B, Zhao Y P, Cheng Z Q. Lift limit of horizontal axis wind turbine[J]. Advanced Materials Research, 2014, 1070-1072:1869-1873.

[36] Griffiths R T. The Effect of airfoil characteristics on windmill performance[J]. Aeronautical Journal, 1977, 81(7): 322-326.

[37] Hassanein A, El-Banna H, Abdel-Rahman M. Effectiveness of airfoil aerodynamic characteristics on wind turbine design performance[C]// Proceedings of the Seventh International Conference on Energy and Environment, Cairo, 2000: 525-537.

[38] Kong C, Kim T, Han D, et al. Investigation of fatigue life for a medium scale composite wind turbine blade[J]. International Journal of Fatigue, 2006, 28(10): 1382-1388.

[39] Lobitz D W. Aeroelastic stability predictions for a MW-sized blade[J]. Wind Energy, 2004, 7: 211-224.

[40] Chaviaropoulos P K. Flap/lead-lag aeroelastic stability of wind turbine blades [J]. Wind Energy, 2001, 4: 183-200.

[41] Kottapalli S B R, Friedmann P P. Aeroelastic stability and response of horizontal axis wind turbine blades[J]. AIAA Journal, 1979, 17(12): 1381-1388.

[42] 于化楠,褚福磊,刘莹. 风力机气动弹性稳定性问题综述[J]. 机械设计, 2008, 25(6): 1-3.

[43] 陈小波,李静,陈健云. 考虑离心刚化效应的旋转风力机叶片动力特性分析[J]. 地震工程与工程振动, 2009, 29(1): 117-122.

[44] 刘雄,李钢强,陈严,等. 水平轴风力机叶片动态响应分析[J]. 机械工程学报, 2010, 46(12): 128-134.

[45] 司海青,王同光,吴晓军. 参数对风力机气动噪声的影响研究[J].空气动力学学报, 2014, 32(1): 131-135.

[46] Kim T, Lee S, Kim H, et al. Design of low noise airfoil with high aerodynamic performance for use on

small wind turbines[J]. Science China(Technological Sciences)，2010，53(1)：75-79.

[47] 许维德. 流体力学[M]，北京：国防工业出版社，1979.

[48] 姜海波,曹树良,程忠庆.平板大攻角绕流升力和阻力系数的计算[J].应用力学学报，2011，28(5)：518-520.

[49] 机械工程手册电机工程手册编辑委员会. 机械工程手册(基础理论卷 第7篇 流体力学)[M]. 2版. 北京：机械工业出版社,1997.

[50] Hoerner S F. Fluid-Dynamic Drag, Hoerner Fluid Dynamics[M]. Bricktown, 1965.

[51] Viterna L A, Janetzke D C. Theoretical and experimental power from large horizontal-axis wind turbines[C] // SERI/CP-635-1340，Vol. II：265-280，Fifth Biennal Wind Energy Conference and Workshop,Washington DC，1981.

[52] Ostowari C, Naik D. Post stall studies of untwisted varying aspect ratio blades with an NACA 4415 airfoil section-part I[J]. Wind Engineering，1984，8(3)：176-194.

[53] 张维智. 风力机二元翼型大攻角实验研究[J]. 太阳能学报，1988，9(1)：74-79.

[54] Sheldahl R E, Klimas P C. Aerodynamic Characteristics of Seven Symmetrical Airfoil Sections Through 180-Degree Angle of Attack For Use In Aerodynamic Analysis of Vertical Axis Wind Turbines[R]. Sandia National Laboratories，Report SAND80-2114，1981.

[55] Jiang H B, Li Y R, Cheng Z Q. Relations of lift and drag coefficients of flow around flat plate[J]. Applied Mechanics and Materials, 2014, 518：161-164.

[56] Wright A K, Wood D H. The starting and low wind speed behaviour of a small horizontal axis wind turbine[J]. Journal of Wind Engineering and Industrial Aerodynamics，2004，(92)：1265-1279.

[57] 冀润景,风力机叶片设计方法的发展[J]. 中国电力教育，2006，(1)：129-131.

[58] 董曾南，章梓雄. 非粘性流体力学[M]. 北京：清华大学出版社，2003.

[59] 姜海波,赵云鹏. 基于中弧线-厚度函数的翼型形状解析构造法[J]. 图学学报，2013，34(1)：50-54.

[60] 姜海波，程忠庆，李艳茹，等. 用解析函数表示的翼型及其生成方法[J]. 发明专利公报，2013，29(24)：2134.

[61] Casey M. A computational geometry for the blades and internal flow channels of centrifugal compressors [J]. ASME Journal of Engineering for Power，1983，105(4)：288-295.

[62] 李胜忠，赵峰，杨磊. 基于 CFD 的翼型水动力性能多目标优化设计[J]. 船舶力学，2010，14(11)：1241-1248.

[63] 陈进,汪泉. 风力机翼型及叶片优化设计理论[M]. 北京：科学出版社，2013.

[64] 蔡新,潘盼,朱杰,等. 风力发电机叶片[M]. 北京：中国水利水电出版社，2014.

[65] Jiang H B, Cheng Z Q, Zhao Y P. Function airfoil and its pressure distribution and lift coefficient calculation[C] // Proceedings of 3rd International Conference on Mechanical Science and Engineering，Hong Kong，2013.

[66] 韩久瑞.任意翼剖面势流理论的近似解[J]. 武汉理工大学学报，1980，(1)：42-56.

[67] 章社生. 用物型延拓变换关系求解平面势流的方法[J]. 武汉理工大学学报，1981，(3)：97-105.

[68] 张志英,赵萍,李银凤,等. 风能与风力发电技术[M]. 2版. 北京：化学工业出版社,2010.

[69] Prandtl L, Tietjens O G. Applied hydro and aeromechanics[M]. New York：Dover Publications, 1957.

[70] Jiang H B. Lift performance of wind turbine with blade tip loss[C] // Proceedings of 2014 the 4th International Conference on Mechatronics and Intelligent Materials,Lijiang, China, 2014.

[71] 靳交通，彭超义，潘利剑，等. 大型风机叶片气动外形参数计算及三维建模方法[J]. 机械设计，2010，

27(5)：11-13.

[72] 李国宁，杨福增，杜白石，等. 基于 MATLAB 与 Pro/E 的风力机风轮设计及造型[J]. 机械设计，2009，26(6)：3-6.

[73] 杨涛，李伟，张丹丹. 风力机叶片气动外形设计和三维实体建模研究[J]. 机械设计与制造，2010，(7)：190-191.

[74] 姜海波，程忠庆，赵云鹏. 风力机叶片数学模型及叶片函数化设计法探讨[J]. 机械设计，2014，31 (5)：78-82.

[75] 许小勇，钟太勇. 三次样条插值函数的构造与 Matlab 实现[J]. 兵工自动化，2006，25(11)：76-78.

[76] 徐宝清，田德，赵丹平，等. 三次样条插值在风力发电机叶片设计中的应用[J]. 内蒙古工业大学学报（自然科学版），2010，29(4)：279-183.

[77] 赵万里. 大型风力机气动设计及流动控制研究[M]. 北京：中国水利水电出版社，2013.

附录一　专用术语解释

平板翼型：厚度和弯度均接近于 0 的翼型。

函数翼型：用解析函数生成的翼型。

设计工况：指风力机的稳定运行状态或最佳运行状态。

最佳攻角：使叶素效率最高的攻角（已证明也是使翼型升阻比最大的攻角）。

理想扭角：假定翼型沿翼展不变，设计工况叶片入流角与最佳攻角的差值。

理想弦长：假定翼型沿翼展不变且扭角为理想扭角时，设计工况按叶素-动量定理推导得到的叶片弦长沿翼展的分布。

相对半径：叶片上的某点到旋转中心相对（于叶片长度的）距离。

理想叶片：具有理想扭角、理想弦长和在理想流体中升阻比为无穷大的翼型结构的叶片。

理想风力机：由无限多个理想叶片组成的风轮。

实用风力机：由有限多个实用叶片组成的风轮。

尖速比关联极限：指当阻力为 0（或升阻比为无穷大）时理想风力机的功率、转矩、升力和推力系数的最高性能表达式（仅是尖速比的函数）。

函数叶片：用解析公式或参数方程生成的叶片。

圆滑过渡方法：沿展向不同翼型的交接处，以及叶根圆柱与翼型的交接处进行光顺连接的方法。也用于不同参数之间的光顺连接。

正弦曲线光顺法：对两个不等的参数用约 1/2 周期的正弦曲线进行光顺连接的方法，连接处正弦曲线最高点或最低点附近的斜率应与被连接的参数外侧曲线斜率相等。

压力分布环视图：从翼型外接圆上向垂直于弦长方向观察翼型，以后缘起算的逆时针方位角 θ 作为自变量，以 $(C/2)\cos\theta$（C 为弦长）为翼型观察点上的横坐标，以压力为纵坐标得到的压力分布图，可清晰描述翼型上的任意点的压力分布情况，包括前缘附近压力分布情况。

附录二　主要符号的含义

R　　叶片的长度,即叶尖到风力机转轴中心的距离。

r　　叶片展向微段 $\mathrm{d}r$ 到转轴中心的距离。相对弦长 r/R 一般用 x 表示。

C　　r 处翼弦的长度。

a　　轴向速度诱导因子。

U　　风力机轴向无穷远处来流的绝对风速。

u　　风力机轴向通过风轮的风速。

b　　切向速度诱导因子。

W　　叶片 r 处周向运动引起的逆向相对风速,大小等于 r 处线速度。

w　　叶片周向运动引起的逆向相对风速 W 与切向诱导速度 bW 的合成速度。

v　　u 和 w 的合成风速。

L　　风速 v 产生的升力,方向与 v 垂直,周向分量为 L_w,轴向分量为 L_u。

C_L　　升力系数。

D　　风速 v 产生的阻力,方向与 v 相同,周向分量为 D_w,轴向分量为 D_u。

C_D　　阻力系数。

C_p　　翼型的压力系数。

C_P　　叶片或风力机的功率系数。

C_M　　叶片或风力机的转矩系数。

C_F　　叶片或风力机的升力系数。

C_T　　叶片或风力机的推力系数。

ζ　　翼型升力系数 C_L 和阻力系数 C_D 的比值,称为升阻比。

φ　　合成风速 v 与旋转平面所成的夹角,称为来流角或入流角。

α　　叶片翼弦与合成风速 v 的夹角,为叶片的实际攻角。

β　　扭角,表示翼型弦线与旋转平面的夹角。

ω　　叶片旋转角速度。

λ　　r 处切向线速度 W 与无穷远处来流的绝对风速 U 的比值,称为线速度比。

λ_t　　叶尖线速度比,简称为尖速比。

ρ　　空气密度。

B　　叶片数。

x　　翼展方向的相对坐标(由转轴指向叶尖方向为正,$x=r/R$)。

y　　转轴的相对坐标(以顺风向为正)。

z　　翼型或叶片表面垂直于 x 和 y 方向的相对坐标。

附录三 常用关系式索引

$$\bar{a} = \frac{1}{3} + \frac{1}{3}f - \frac{1}{3}\sqrt{1 - f + f^2}$$

9.1 节

$$a_B = \bar{a}/f$$

9.1 节

$$\bar{b} = \frac{\bar{a}(1 - \bar{a}/f)}{\lambda_t^2 x^2}$$

9.1 节

$$b_B = \frac{\bar{b}}{f} = \frac{\bar{a}(1 - \bar{a}/f)}{\lambda_t^2 x^2 f}$$

9.1 节

$$\frac{C}{R} = \frac{16\pi}{9B} \frac{r}{R} \frac{1}{\left[\left(\lambda + \frac{2}{9\lambda}\right)C_L + \frac{2}{3}C_D\right]\sqrt{\left(\lambda + \frac{2}{9\lambda}\right)^2 + \left(\frac{2}{3}\right)^2}}$$

3.4 节

$$\frac{C}{R} = \frac{8\pi}{B} \frac{\bar{a}(1 - \bar{a})x}{\left[\left(\lambda_t x + \frac{\bar{a}g}{\lambda_t x f}\right)C_L + gC_D\right]\sqrt{\left(\lambda_t x + \frac{\bar{a}g}{\lambda_t x f}\right)^2 + g^2}}$$

9.1 节

$$C_D = 2C_f + 2\sin^2\alpha = 2C_f + 2\left(\frac{C_L}{2\pi}\right)^2$$

6.1 节

$$f = \frac{2}{\pi}\arccos\left\{\exp\left[-\frac{B(1-x)}{2x}\sqrt{1 + \frac{\lambda_t^2 x^2}{(1-a)^2}}\right]\right\}$$

9.1 节

$$g = 1 - \bar{a}/f$$

9.1 节

$$W = \omega r$$

9.1 节

$$x = r/R$$

2.4 节

$$\varphi = \beta + \alpha$$

2.2 节

$$\lambda = \lambda_t x$$

2.3 节

$$\zeta = C_L/C_D$$

3.2 节